Hyacinthe Angoni

Les tortues marines du Cameroun et les milieux côtiers

Hyacinthe Angoni

Les tortues marines du Cameroun et les milieux côtiers

Données actuelles sur la côte atlantique camerounaise

Presses Académiques Francophones

Impressum / Mentions légales

Bibliografische Information der Deutschen Nationalbibliothek: Die Deutsche Nationalbibliothek verzeichnet diese Publikation in der Deutschen Nationalbibliografie; detaillierte bibliografische Daten sind im Internet über http://dnb.d-nb.de abrufbar.

Alle in diesem Buch genannten Marken und Produktnamen unterliegen warenzeichen-, marken- oder patentrechtlichem Schutz bzw. sind Warenzeichen oder eingetragene Warenzeichen der jeweiligen Inhaber. Die Wiedergabe von Marken, Produktnamen, Gebrauchsnamen, Handelsnamen, Warenbezeichnungen u.s.w. in diesem Werk berechtigt auch ohne besondere Kennzeichnung nicht zu der Annahme, dass solche Namen im Sinne der Warenzeichen- und Markenschutzgesetzgebung als frei zu betrachten wären und daher von jedermann benutzt werden dürften.

Information bibliographique publiée par la Deutsche Nationalbibliothek: La Deutsche Nationalbibliothek inscrit cette publication à la Deutsche Nationalbibliografie; des données bibliographiques détaillées sont disponibles sur internet à l'adresse http://dnb.d-nb.de.

Toutes marques et noms de produits mentionnés dans ce livre demeurent sous la protection des marques, des marques déposées et des brevets, et sont des marques ou des marques déposées de leurs détenteurs respectifs. L'utilisation des marques, noms de produits, noms communs, noms commerciaux, descriptions de produits, etc, même sans qu'ils soient mentionnés de façon particulière dans ce livre ne signifie en aucune façon que ces noms peuvent être utilisés sans restriction à l'égard de la législation pour la protection des marques et des marques déposées et pourraient donc être utilisés par quiconque.

Coverbild / Photo de couverture: www.ingimage.com

Verlag / Editeur:
Presses Académiques Francophones
ist ein Imprint der / est une marque déposée de
OmniScriptum GmbH & Co. KG
Heinrich-Böcking-Str. 6-8, 66121 Saarbrücken, Deutschland / Allemagne
Email: info@presses-academiques.com

Herstellung: siehe letzte Seite /
Impression: voir la dernière page
ISBN: 978-3-8381-4037-7

DÉDICACE

À ma mère, Mme veuve Messomo, née Nti Brigitte et à toute ma famille, qui ont souffert de mes longues absences pour produire ce document.

REMERCIEMENTS

Au moment où nous achevons ce travail, il m'est particulièrement agréable d'adresser mes remerciements à tous ceux qui, de près ou de loin, ont contribué à sa réalisation.

Je voudrais d'abord exprimer ma profonde reconnaissance au Pr. AMOUGOU AKOA (Chef de Département de Biologie et Physiologie Végétales), au Dr. FRETEY Jacques (Responsable Scientifique du Programme Régional de Protection des tortues marines) et Pr. BILONG BILONG Charles Félix qui, malgré leurs multiples occupations, ont accepté de superviser cette étude.

Je remercie également MM. ATANGANA ETEME Roger et AKOGO MVOGO Guillaume qui ont mis à ma disposition toutes les informations nécessaires pour le bon déroulement des activités de terrain.

J'exprime toute ma gratitude à Mlle BEBEA Clotilde et à MM. TCHOUTO Peguy, KANMEGNE Jacques, MEDIKO Tobi, ABA'A Louis, MADOLA Innocent et NGNAMALOBA Denis qui m'ont apporté une franche collaboration lors de la collecte des données.

J'exprime ma reconnaissance au Pr. NKONGMENECK Bernard Aloys, aux Drs. BOYOMO Onana, NWAGA Dieudonné, MBARGA BINDZI, MBOLO Marie, ZAPFACK Louis, M. BONGEN OTTOKO Bruno, KENLA Jean Victor et NGABA ZOGO Félix, tous les Enseignants du Département de Biologie et Physiologie Végétales, pour tous leurs conseils.

Ma reconnaissance s'adresse également d'une part au Chef MEMBILA, à tous les notables et à toute la communauté villageoise d'Ebodjé, pour leur hospitalité durant mon séjour parmi eux, et d'autre part, à tous mes camarades de promotion ATANGANA NDONGO Nestor, TSHABANG Nolé, DIKANDA Pierre Charles.

SOMMAIRE

4

RÉSUME

L'Unité Technique Opérationnelle (UTO) connaît une urbanisation anarchique associée à de multiples activités économiques qui affectent négativement le milieu naturel.

Le thème de recherche qui y a été développé a pour titre : « LES TORTUES MARINES ET LES MILIEUX COTIERS ».

Cette étude s'est déroulée en plusieurs étapes : un inventaire des différentes espèces des tortues marines sur les plages et une identification des carapaces dans les villages côtiers. Les mouvements locaux et migrations ont été étudiés par la méthode de capture. Dans les sections choisies de plage, les algues macroscopiques des côtes rocheuses, une description de la végétation d'arrière plage et un inventaire des types de pollution ont été réalisés.

Les résultats ont montré que cinq espèces de tortues marines fréquentent les côtes de l'UTO Campo-Ma'an, mais seules deux espèces (*Lepidochelys olivacea et Dermochelys coriacea*) pondent sur certaines de ses plages, trois vivent en milieu marin et ne semblent pas pondre sur les côtes du site d'étude.

La couverture végétale des plages n'est pas constante de Kribi à Campo. Les 150 espèces végétales identifiées sont menacées d'extinction. Les espèces côtières sont relictuelles aux abords de Kribi et Campo en raison d'une surexploitation. Elle est dominante autour « du Rocher du Loup » et décroît quand on s'approche de Kribi. La surface terrière totale des individus varie d'une station à une autre. Nos observations ont également montré que les plages de l'UTO Campo-Ma'an sont sujettes à des pollutions par des déchets domestiques et par des hydrocarbures.

Les menaces qui pèsent sur les tortues marines au niveau de l'UTO Campo-Ma'an sont essentiellement d'ordre anthropique. La construction des structures hôtelières sur la côte et l'implantation des plates-formes en mer fragilisent le milieu côtier avec diverses formes de pollutions.

Mots clés : Tortues marines, plage de nidification,   littoral, aménagement, conservation.

ABSTRACT

The Technical Operational Unit (TOU) Campo-Ma'an is affected by urbanization associated with multiple economic activities that negatively influence the natural environment. The research topic developed in this area was: "SEA TURTLES AND TO COASTAL ECOSYSTEMS".

This study was carried out in several stages: the inventory of sea turtles species on the beaches and identification of sea turtles shell along the UTO coastline. Local movements and migrations was studied by the captured tagged and recapture method within Kribi and Campo. In some beaches sections chosen, macroscopic marine algae identification of the rooky shore, beach front vegetation description and the pollution type inventory was conduced.

Results showed that, along the UTO Campo-Ma'an coasts, five species of sea turtles were identified; but only two of them laid on beaches and three species were found in the marine area and supposed not to lay eggs on the studied site.

The beach vegetation cover is not constant from Kribi to Campo. The 150 botanical species identified by the survey are endangered threat. Coastal species are rare around Kribi and Campo because of over exploitation. The trees cover is dominant around the "Rocher du Loup" beach and decreased while arriving in the Kribi. Then the total basal area cover of all individuals varied from one station to another. Our observations also showed that the UTO Campo-Ma'an beaches are subject to pollution due to domestic waste and hydrocarbons. Hotels building on the beach and platforms installation on the sea increase the risk of several type of pollution. The presence of coastal vegetation species, sea turtles increase the interest of a marine park around "Rocher du Loup" station.

Keywords: sea turtles, nesting beach, marine turtle sponsoring, coastal urbanization, management and conservation.

INTRODUCTION

Les tortues marines sont des composantes de systèmes écologiques complexes ; leur vie dépend des ressources exploitables (poissons, mollusques et mangroves) ainsi que de l'équilibre de l'écosystème c'est-à-dire la stabilisation de l'érosion côtière Frazier (1999). Les habitats côtiers et marins ont une forte signification pour la survie de leur faune et de leur flore. Comme écotone entre ces deux milieux, les plages sont dynamiques et exposées à des changements morphologiques variables Chouldhury et al. (2003).

Les plages et les berges constituent le lieu de vie de nombreuses espèces végétales et animales, et le site unique de reproduction des tortues marines. L'utilisation de ces zones par les populations riveraines et par les opérateurs économiques n'est pas souvent rationalisée et conduit à une urbanisation anarchique au Cameroun Folack & Nkwanyuo, (1999). Pourtant, Shabica (1995) estime que l'urbanisation est la cause principale de la baisse de fréquentation des plages de ponte des tortues marines dans plusieurs sites. En Floride (Etats Unis d'Amérique) par exemple, ce phénomène, observé pour des tortues vertes (*Chelonia mydas*) et les caouannes (*Caretta Caretta*), a été attribué à l'urbanisation qui entraîne la disparition de la végétation d'arrière-plan, et par la présence des éclairages en bordure de la mer Shabica (1995).

La végétation côtière piège de grandes quantités de sable et crée un écran d'ombre sur les rives Chouldhury et al. (2003). Mais, cette végétation est sous l'influence d'une part de l'humidité atmosphérique et des embruns, et d'autre part, de la submersion par des marées Schnell (1971). Cependant, cette végétation pose d'énormes problèmes pour sa gestion durable au Cameroun. Son rôle dans l'aménagement du milieu littoral n'est pas toujours bien défini, et sa rentabilité économique moins importante sous la forme de production de bois d'œuvre. En effet, les quelques parcs nationaux ou aires protégées crées dans la proximité des côtes n'englobent pas les forêts de ces milieux. C'est le cas de la réserve de Campo-Ma'an qui participe peu ou pas à la protection intégrale des ressources naturelles de la côte Anonyme (2002).

Les tortues marines vivant en général à proximité de ces côtes sont victimes d'une pression exercée par des populations riveraines qui, au cours de leurs activités quotidiennes, détruisent les nids et ramassent les œufs de tortues marines pour la consommation. Les populations capturent ces animaux soit sur les plages de ponte, soit au filet de pêche ; leur viande est consommée tandis que leurs carapaces sont vendues aux touristes Fretey (1998). Pourtant, les tortues marines, en fréquentant à la fois les milieux côtiers et marins dont elles dépendent pour leur reproduction, l'alimentation et la survie des jeunes individus, peuvent être utilisées comme de bons indicateurs écologiques de la dégradation des côtes et permettre d'évaluer l'impact de l'explosion démographique humaine sur cette ressource naturelle Chouldhury & al. (2003).

Au Cameroun, ont été recensés quelques travaux sur les tortues marines à savoir ceux de Fretey (1998), Formia (2002), Fretey & Angoni (2001), Fretey (2001). Mais ces travaux ne tiennent pas compte des études de Ndongo (1993), Duncan & Jane (1993), de l'Arrêté N° 1999/054/PM du 6 août portant la création de l'UTO Campo-Ma'an, des travaux de Folack & Nkwanyuo (1999), ni du Profil côtier publié par le Anonyme (1999a) sur l'écologie de la zone côtière. Pourtant Mortimer (1995a) démontre que la gestion des populations des tortues marines ne devrait plus ignorer l'existence des facteurs biotiques et abiotiques.

Cette étude a donc pour but d'étudier la biologie et l'écologie des tortues marines dans l'écosystème côtier.

Il s'agit d'une étude descriptive qui doit conduire à l'aménagement écologique de la côte de l'UTO Campo-Ma'an.

Les objectifs spécifiques assignés sont :

- inventorier et identifier les espèces de tortues marines rencontrées le long des côtes de l'UTO Campo–Ma'an ;

- inventorier les algues marines que consomment ces animaux ;

- faire une étude botanique des plages et des arrières plages ;

- inventorier les types de pollution auxquels les côtes et les tortues marines sont soumises.

Le travail est subdivisé en cinq chapitres.

Après une introduction, nous retrouvons les parties suivantes :

- données actuelles sur la côte camerounaise (chapitre I). Ces informations permettent une meilleure compréhension des interactions entre l'Homme et le milieu naturel côtier ;

- méthodologie (chapitre II). On aborde les différentes méthodes d'études utilisées au cours de cette étude ;

- résultats (chapitre III) ;

- discussion (chapitre IV) ;

- enfin, une conclusion et des recommandations (chapitre V).

CHAPITRE I. DONNÉES ACTUELLES SUR LA CÔTE ATLANTIQUE CAMEROUNAISE

I.1 GOLFE DE GUINÉE

Le golfe de Guinée *sensus stricto* est cette partie de l'Afrique où l'Océan Atlantique s'enfonce le plus profondément dans les terres Replin (1978). C'est la frange côtière du Cameroun. Elle s'étend sur près de 402 km, c'est-à-dire de l'estuaire de la Cross River à Calabar (Nigéria) à celui du Ntem à Campo (Cameroun) ; elle occupe presque les 60 % de cette aire et subit un reflux d'eau qui est fonction de la force des courants marins. Le golfe de Guinée est caractérisé par un plateau continental dont la superficie varie d'une région à l'autre. Au Cameroun par exemple, cette plate-forme littorale est plus large à sa partie septentrionale et plus étroite à sa partie méridionale Crosnier (1964) cit. Atangana Etémé (1996). Il y existe une thermocline bien marquée pendant une grande partie de l'année, qui sépare deux masses d'eau :

- une couche d'eau tropicales chaudes (dont la température peut atteindre 30 °C en surface) et de salinité variable,

- une autre couche issue du mélange d'eaux superficielles et d'eaux sous-jacentes, remarquable par une discontinuité des températures et des salinités.

Cette thermocline contient la richesse réelle des eaux en matières nutritives et en ressources halieutiques Molière (1970), cit. Replin (1978). La circulation des eaux en surface est directement liée à celle de l'air. Par friction directe sur l'élément liquide, le vent entraîne suivant les deux cellules anticycloniques une couche de surface plus ou moins épaisse. Ces mouvements migrent avec l'équateur météorologique Njifonjou (1998). Le courant de Guinée plus important en juillet qu'en janvier est appelé Contre Courant Equatorial Nord (CCEN) dans la partie franchement océanique. Il s'incurve dans le fond du golfe de Guinée et accumule ainsi une importante masse d'eau qui, ajoutée à celles des pluies et du ruissellement, est reprise partiellement au niveau de l'équateur par le Courant Sud équatorial (CSE) dirigé d'Est vers l'Ouest. L'équilibre de ces deux couches détermine le niveau moyen de l'eau dans la région, en tenant compte de la stabilité et de la vitesse du vent Sud-Ouest en toute saison Replin (1978).

Au Cameroun, ce golfe est le point de convergence des courants et surtout des contre-courants océaniques équatoriaux d'orientation Ouest-Est et Sud-Nord qui sont le courant de Benguela, le courant guinéen (GC), le courant des Canaries, le contre-courant Nord équatorial (NECC), alors que les eaux chaudes sont véhiculées vers les côtes par le courant de Guinée Fretey (1998).

I.2. AIRE PROTÉGÉE DE CAMPO-MA'AN

L'Unité Technique Opérationnelle (UTO) de Campo-Ma'an, créée le 06 août 1999 par arrêté N° 1999/054/PM, d'une superficie de 709760 ha, s'étend sur trois départements de la Région du Sud dont le département de l'Océan où bordent les côtes sableuses. Elle comprend une zone essentielle de protection intégrale qui est le parc national, et une zone périphérique d'utilisations multiples qui est la zone tampon Anonyme (2002).

L'UTO Campo-Ma'an (Fig.1), est ainsi localisée entre les coordonnées suivantes : latitudes 2° 10' et 2° 52' Nord et longitudes 9° 50' et 10° 54' Est. Elle est délimitée à l'Ouest par la côte atlantique à partir de l'estuaire du Ntem jusqu'à l'embouchure de la Lobé, au Nord par l'axe routier Kribi-Akom II-Ebolowa jusqu'au village de Nkong Yebay, à l'Est par la piste piétonne en direction de Minconmesseng jusqu'à la frontière avec la Guinée Équatoriale au-delà du fleuve Ntem, au Sud par la frontière entre le Cameroun et la Guinée Équatoriale jusqu'à l'embouchure du Ntem. Dans cette aire, on peut distinguer les zones agro-forestières et agro-industrielles d'une part, le parc national et les unités forestières d'aménagement (UFA) d'autre part selon le décret N° 2000/004/PM du 6 janvier 2000 portant création du Parc National de Campo-Ma'an.

I.2.1. Paysage côtier

La côte camerounaise est très diversifiée. Entre Campo et l'embouchure du Nyong, elle est haute et montre une alternance d'affleurements rocheux et des plages de sable. Les mangroves sont peu fréquentes sur ce tronçon et se présentent sous forme de lambeaux sur des substrats rocheux Atangana Etémé (1996).

La zone d'étude se compose :

- de cordons floristiques littoraux étroits qui poussent sur un mélange de sables marins et de sables fluviaux cristallophylliens et sédimentaires ;

- d'un littoral incisé par un réseau hydrographique dense formant une succession d'estuaires ensablés. Ce littoral repose sur un plateau continental large et faiblement incliné. On y observe de nombreuses buttes rocheuses et des bancs de sable.

La côte Sud entre Kribi et Campo est très peu propice au chalutage. Elle constitue le lieu de prédilection de la pêche artisanale. Sur le talus continental et au niveau des embouchures des cours d'eau se retrouvent les coraux fossiles Atangana Etémé (1996).

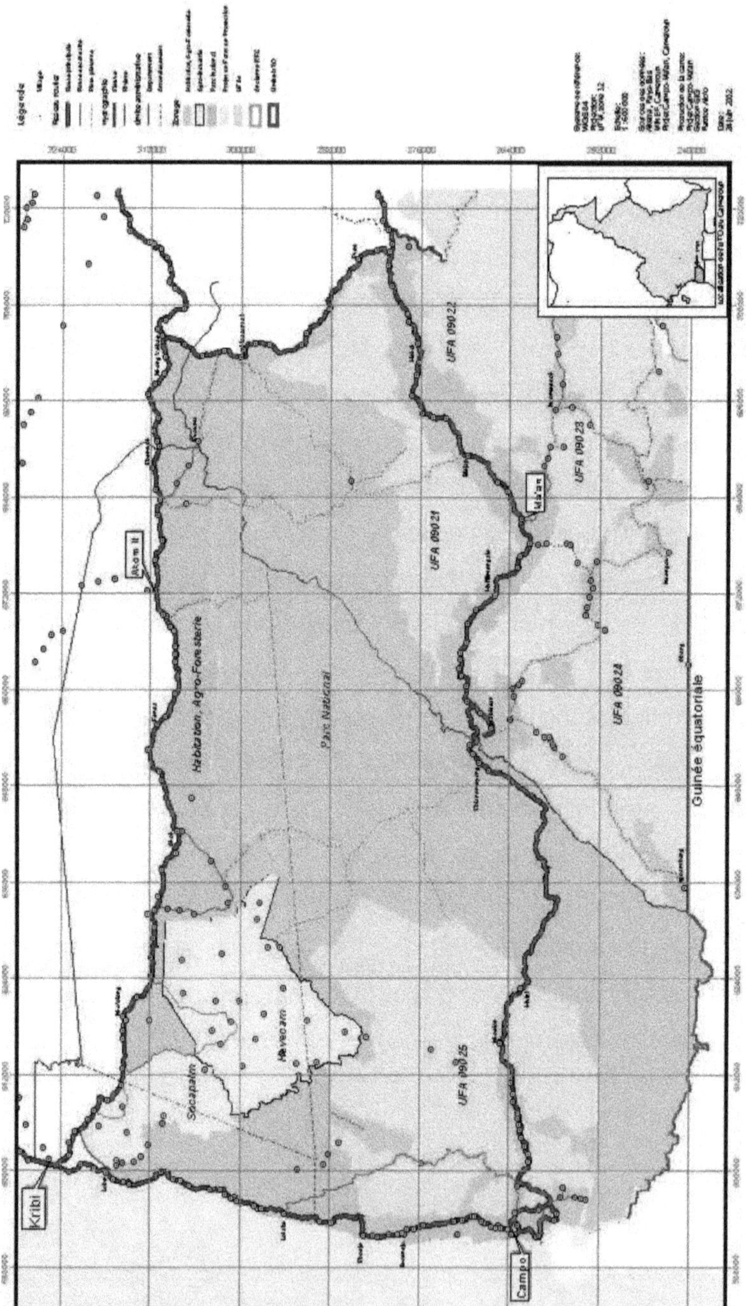

Fig. 1. Carte de l'UTO Campo-Ma'an.

16

I.2.2. Climatologie

La climatologie du Golfe de Guinée est caractérisée par la présence des alizés dans deux hémisphères, qui convergent les uns vers les autres dans la région équatoriale. C'est la zone de convergence inter-tropicale (ZCIT) qui subit un déplacement annuel en direction de l'hémisphère concerné par la saison d'été. L'évolution du cycle évapotranspiration-condensation-précipitation est liée à la circulation des cellules de Halley qui tournent dans le plan méridien de chaque côté de la ZCIT. Lorsque les alizés survolent les océans, ils entraînent vers l'Équateur météorologique une grande quantité de vapeur d'eau et d'énergie solaire advectée dans les zones soumises à des anticyclones subtropicaux. Ces vents chargés d'humidité prennent le nom de moussons lorsqu'ils traversent l'Équateur. La convergence des deux masses d'air (sec et humide) détermine une zone de contact qui est le Front Intertropical en abrégé FIT Mahlé (1993), cit. Njifongou (1998). Dans son oscillation saisonnière, le FIT divise le Cameroun en deux grandes parties et son déplacement en latitude détermine les saisons climatiques. On distingue ainsi le climat tropical à deux saisons (dont une saison des pluies courte et une grande saison sèche), et le climat équatorial à quatre saisons dont deux saisons de pluies (une grande et une petite) et deux saisons sèches (une grande et une petite). Notons que dans certaines régions du Cameroun, la petite saison sèche n'est pas bien marquée dans l'année.

L'UTO Campo-Ma'an est située dans un climat équatorial à 4 saisons Blanc (1992) avec :

- une grande saison sèche de novembre à février,
- une petite saison des pluies de mars à mai ;
- une petite saison sèche de juin à août ;
- une grande saison des pluies de septembre à octobre.

Les secteurs de Kribi et de Campo sont soumis à une humidité océanique de la mousson guinéenne ; c'est pourquoi on parle dans cette région de climat équatorial de mousson. Les moyennes annuelles de températures y sont de 28 °C pour le maximum et de 22 °C pour le minimum Blanc (1992).

Les précipitations en général décroissent à la fois du Sud au Nord selon la latitude et de l'Ouest à l'Est en fonction de la distance par rapport à l'océan et aux zones les plus montagnardes Njifonjou (1998). Dans la région de Kribi, l'influence océanique crée sur le littoral des conditions homogènes en termes de nombre de jours et hauteurs des précipitations. Au cours de l'année 2002, la station météorologique de Kribi a enregistré 3699 mm de pluies (Fig. 2).

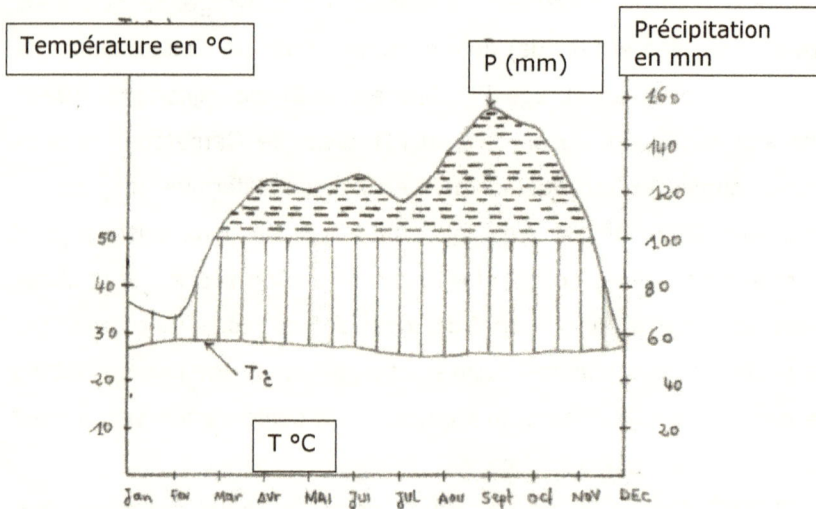

Fig. 2. Diagramme ombrothermique de Kribi (données de la Météo Kribi).

Légende: ☐ Période très pluvieuse ; ☐ Saison des pluies

Dans cette localité, les vents de surface sont peu violents, sauf en prélude aux tornades où sont enregistrées de brèves bourrasques. Leur vitesse moyenne est de 2 mètres par seconde. L'influence de la brise maritime est perceptible et se traduit par une ventilation plus élevée sur le littoral que sur le continent Njifonjou (1998).

I.2.3. Hydrographie

Le réseau hydrographique de l'UTO Campo-Ma'an est dense. On peut y distinguer quatre bassin-versants Anonyme (2002):

- le bassin atlantique est composé d'un ensemble de petits cours d'eau qui se déversent directement dans l'Océan Atlantique,

- le bassin de la Lobé,

- le bassin du Ntem qui est le plus vaste dans le département de l'Océan ; il couvre les arrondissements de Campo, de Ma'an et d'Akom II et est alimenté par les quatre affluents du Ntem,

- le bassin de la Kienke qui est situé au nord de l'UTO Campo-Ma'an et arrose les arrondissements de Kribi et d'Akom II.

I.2.4. Végétation

La végétation côtière est constituée de mangroves, d'un cordon floristique littoral et d'une végétation des plages sablonneuses Letouzey (1968).

La végétation de l'UTO Campo-Ma'an appartient au domaine de la forêt dense humide sempervirente guinéo-congolaise. Ce secteur forestier camerouno-congolais toujours vert fait partie du district atlantique biafréen. La forêt de la bordure côtière est appelée forêt à *Cesalpiniaceae* et *Saccoglottis* à cause de la présence de ces deux indicateurs du milieu côtier Letouzey (1968). Bien que globalement dominée par des Cesalpiniaceae, on y observe aussi des mosaïques d'unités phytogéographiques distinctes. C'est une forêt riche en *Lophira alata* et *Rhizophora racemosa* poussant sur le long du cordon littoral.

Le terme de mangrove sur les côtes tropicales est réservé aux formations arborescentes constituées d'arbres et d'arbustes, plus ou moins denses de la zone de balancement des marées. Cette végétation s'étend essentiellement sur les substrats meubles, vaseux à des degrés divers qui prolongent le socle continental Schnell (1971). On distingue deux types de mangroves en Afrique de l'Ouest : les mangroves subéquatoriales qui bénéficient d'une alimentation pérenne en eaux douces et les mangroves tropicales exposées à un déficit hydrique saisonnier Letouzey (1968).

Selon Duncan & Jane (1993), la côte est bordée par un cordon pauvre en espèces ligneuses mais où on retrouve des herbacées, des arbres et des arbustes fréquemment détruits par la brise maritime ou par des activités agricoles des populations. Ces espèces sont très répandues dans le domaine maritime.

Ndongo (1993) rapporte que jusqu'à lors, seules six espèces de palétuviers ont été identifiées le long de la façade atlantique d'Afrique : de Saint Louis (Sénégal) à Lobito (Angola). Ce sont :

- pour les Rhizophoraceae : *Rhizophora mangle*, *R. racemosa* et *R. harrisonii,*

- pour les Aviceniaceae : *Avicennia african,*

- pour les Combretaceae : *Laguncularia racemosa* et *Conocarpus erectus.*

La répartition des mangroves que l'on retrouve sur les cartes phytogéographiques du Cameroun dressées par Letouzey (1968) ne fait pas état de la province du Rio Muni, actuelle République de la Guinée Equatoriale Ndongo (1993). Pourtant cette mangrove s'étend un peu sur la rive droite du Ntem.

I.2.5. Sols

Il existe deux sous-groupes de sols dans l'UTO Campo-Ma'an :

- les sols faiblement ferrallitiques ferrisoliques sur roches acides qu'on observe sur des types de reliefs variés dans le Sud Cameroun. Le climat semble être le premier facteur à prendre en considération dans leur pédogénèse, les sols jaunes étant actuellement associés aux situations les plus humides Ambassa Kiki (1993) ;

- les sols ferrallitiques typiquement rouges sur roches acides dont la morphologie est homogène. On les retrouve surtout sur les collines en demi-orange qui sont caractérisées par leur forme et leur altitude relativement constante sur de grandes surfaces.

I.2.6. Archéologie

De l'avis de Richard (2001), l'occupation de la zone d'étude par les hommes remonte à des périodes reculées où ceux-ci vivaient de la chasse et de la cueillette. Ils utilisaient des outils en pierre et taillaient celles-ci afin d'obtenir des pointes de flèches pour des besoins de chasse, et de petits outils tranchants pour le dépeçage des tubercules (ignames). Ils se déplaçaient aussi en fonction d'un territoire de chasse et établissaient leurs campements dans les grottes (zone de grottes de Nkoelon). Ainsi l'aire d'étude est, sur le plan archéologique, une région tampon dont l'importance paraît indéniable quant à la connaissance des hommes, des paléoenvironnements et des relations que les les premiers habitants ont entretenues avec leur milieu.

I.2.7. Situation sociale et culturelle

La population totale de l'UTO Campo-Ma'an est estimée à 59199 habitants dont 35216 vivent dans des villages qui comptent chacun entre 100 et 500 habitants Anonyme (2001).

Dans cette aire, on dénombre 7 grands groupes ethniques qui sont : les Bulu, les Ntumu, les Batanga, les Iyassa, les Mabea, les Mvae et les Bagyeli (Pygmées). Les Bulu sont localisés à l'Ouest de l'UTO, tandis que les Ntumu occupent la partie Est. Tous sont essentiellement des agriculteurs et des chasseurs.

Les Batanga et les Iyassa, peuples côtiers rencontrés sur l'axe Kribi-Campo, sont des pêcheurs et leur mode de vie est étroitement lié à la mer qui représente à la fois leur source d'alimentation, de revenus et d'inspiration des traditions. Dans ces deux ethnies, le poisson marin est presque le seul aliment protéique carné et le mets principal. Ainsi la consommation d'aliments végétaux est rare.

Les Mabea habitent le village Mabiogo et à proximité de Grand Batanga (Nlende). Les Mvae, peuple de forêt, vivent entre Bouandjo et Itondefang sur l'axe routier Kribi-Campo. Les Mabea et les Mvae sont des agriculteurs, des chasseurs et des pêcheurs dans les rivières car ils redoutent la mer.

Les Bagyeli qui, traditionnellement, sont un peuple de migrants permanents, ont tendance à se fixer tout en gardant une certaine mobilité saisonnière. Ils vivent, retirés dans des campements isolés en forêt, essentiellement de la chasse et de la cueillette. Ayant acquis chez leurs voisins Bantu sédentaires une expérience agricole en participant à leurs travaux champêtres, ils pratiquent peu d'agriculture.

Hormis les grands groupes ethniques ci-dessus mentionnés, les autres habitants de l'UTO Campo-Ma'an sont :

- des employés des sociétés agro-industrielles et forestières. Originaires d'autres départements ou d'autres pays, certains résident avec leurs familles dans l'UTO depuis plus de 20 ans ;

- quelques familles de pêcheurs d'origine nigériane localisées près de Campo à Itonde-mer ou à Campo Beach.

Les rapports inter-ethniques sont surtout basés sur la complémentarité économique ; par exemple, les Mvae échangent la viande de brousse ou le manioc contre le poisson des Iyassa.

I.2.8. Principales activités économiques

Selon Anonyme (2001), 60,5 % de la population active de l'UTO Campo-Ma'an exerce comme principale activité l'agriculture, 12 % ont un emploi salarié ou reçoivent des pensions, 11,5 % vivent de la pêche, 6 % de la chasse déclarée, et 10 % du petit commerce ou de petits métiers. Le cacao est la première production de rente et est cultivé dans les arrondissements de Ma'an et d'Akom II. Le palmier à huile suscite de plus en plus d'intérêt tant chez les salariés que chez d'autres populations urbaines et paysanes. Les plantations de cocotiers (principalement du côté de Campo) et de l'hévéa se retrouvent dans l'UTO Campo-Ma'an Dounias (1993).

Le petit élevage est pratiqué par la plupart des paysans (80 % de la population de la zone de Ma'an). En plus des moutons et des chèvres, les poules et les porcs sont les plus courants. Ces animaux vivent en divagation.

Des études de chasse à l'intérieur de l'UTO ont montré qu'un nombre important d'animaux est abattu au fusil ou pris au piège dans la forêt, y compris à l'intérieur du parc national Ngandjui (2001).

Le matériel de pêche est rudimentaire et se compose d'un filet et d'une pirogue propulsée à l'aide d'une pagaie Anonyme (2001). Quelques privilégiés (les nigérians et des élites locales impliquées dans l'activité de pêche) possèdent des embarcations à moteurs.

La cueillette des Produits Forestiers Non Ligneux (PFNL) représente une activité importante pour les populations rurales de la zone d'étude. Elle leur procure de la nourriture, des produits de la pharmacopée traditionnelle et des boissons. Différentes parties de la plante sont alors utilisées : fruits, graines, feuilles, écorces, racines ou de la matière ligneuse. On y récolte également des champignons, des chenilles, du miel. La consommation domestique ou la commercialisation de ces produits contribue au bien-être des populations, bien que leur valeur économique soit sous-estimée dans l'UTO Campo-Ma'an Sonné (2001).

I.3. GÉNÉRALITÉS SUR LES TORTUES MARINES

I.3.1. Éléments de biologie

Les tortues marines peuvent être regroupées en deux familles : les Dermochelyidae et les Cheloniidae Whitfield (1984). Par leur carapace caractéristique, les tortues font partie de l'ordre des Chéloniens qui forment un ensemble si homogène qu'il est difficile de les confondre avec d'autres animaux. Elles sont des reptiles de forme ramassée, portant une carapace osseuse qui représente une partie du squelette. Il s'agit d'une cuirasse divisée en deux parties : la dossière bombée et le plastron qui recouvrent respectivement le dos et la partie ventrale de l'animal. Ces deux éléments sont rendus solidaires par une arête osseuse constituée d'extensions visibles sur les flancs. Chez les formes aquatiques, les os sont atrophiés, séparés par de larges espaces permettant de réduire l'énergie nécessaire à la locomotion. La carapace présente ainsi un profil hydrodynamique Tim (1986).

Les tortues respirent au moyen de poumons. L'expiration est assistée par les muscles abdominaux qui compriment la cage thoracique. Les espèces aquatiques respirent également par la peau, les parois de la gorge, ainsi que par les poches finement membraneuses logées dans le cloaque Tim (1986).

24

Il est souvent difficile de distinguer le mâle de la femelle, mais généralement la queue débordant la carapace est plus longue et plus épaisse chez le sexe mâle que chez la femelle. Toutes les espèces sont ovipares et la nidification obéit à un rythme annuel et saisonnier. Les tortues marines pondent des œufs souples et sphériques sur le sable littoral, leur incubation dure environ deux mois pour *Lepidochelys olivacea*, et la température détermine non seulement la vitesse du développement embryonnaire, mais aussi le sexe de la progéniture Reichart (1993).

Selon Frete (2001), la famille des Dermochelyidae est monospécifique et représentée par la tortue luth (*Dermochelys coriacea*) qui vit dans les océans en régions tropicales. Cette espèce est caractérisée par une carapace composée de plaques osseuses, non revêtues de cornes. Sa dossière est parcourue de sept carènes longitudinales, alors que l'épiderme dépourvu d'écailles a l'aspect de cuir.

La famille des Chelonyidae quant à elle comprend six espèces marines qui peuplent les eaux tropicales et subtropicales. On peut citer :

- la tortue verte (*Chelonia mydas*) qui ne vient sur les plages que pour pondre. Les aires d'alimentation étant souvent éloignées des sites de ponte, *Chelonia mydas* a développé des mœurs migratoires en effectuant de longues distances entre les sites de ponte et d'alimentation. Fretey (2001) indique que sur les côtes africaines, on rencontre une autre espèce congénérique *Chelonia depressa* ;

- la couanne (*Caretta caretta*) est une tortue à la carapace légèrement effilée vers l'arrière. Elle possède de puissantes mâchoires, capables de broyer les coquilles des mollusques. Cet animal se caractérise également par sa couleur jaune généralisée ;

- la tortue olivâtre (*Lepidochelys olivacea*) est de petite taille, frêle par rapport aux autres espèces marines. Elle dépose ses œufs sur la plage. Elle a comme espèce congénérique *Lepidochelys kempi* dont la carapace est quasi-circulaire ;

- la tortue à écailles ou tortue imbriquée (*Eretmochelys imbricata*) qu'on rencontre dans les régions tropicales chaudes de l'Atlantique, du Pacifique, de l'Océan Indien et de la Mer des Caraïbes. Sa carapace dentelée à l'arrière est revêtue d'une épaisse couche cornée. Sa tête conique est adaptée à la recherche des mollusques dans les anfractuosités rocheuses.

Selon Bjorndal & Zug (1995), on peut estimer l'âge de la tortue verte à partir de la longueur de la courbe de dossière, c'est-à-dire de la nucale jusqu'à la supra-codale (Tableau I).

Tableau I. Variation de l'âge de la tortue verte en fonction de sa longueur.

Age (années)	Longueur de la courbe dossière (cm)
2	37-40
4	50
6 à 7	60
10	69

L'alimentation des tortues marines varie suivant les espèces. Ainsi *Dermochelys coriacea* se nourrit des méduses, des tuniques et des crabes. *Lepidochelys coriacea* consomme en plus des crabes et des tuniques, des petits invertébrés. L'espèce *Eretmochelys imbricata* se nourrit d'éponges, de tuniques, des mollusques et d'algues marines. La tortue verte (*Chelonia mydas*) est surtout herbivore au stade juvénile ; au stade adulte, son alimentation varie suivant les océans fréquentés et la distribution des espèces d'algues dans les fonds marins (Mortimer, 1995b). Ainsi dans :

- l'Atlantique occidental, *C. mydas* se nourrit des plantes marines telles que *Thalassia testidinum* et *Syringodium filiforme*. A l'Est du Brésil, elle vit essentiellement d'algues et plus spécialement des Rhodophycées ;

- l'Atlantique oriental, *C. mydas* broute les algues soit vertes des genres *Ulva* et *Caulerpa*, soit les espèces *Bostrychia calliptera, B. radicans* et *Caloglossa leprieurii* qui poussent sur les racines des palétuviers (*Rhizophora mangle*). Au niveau des mangroves, *C. mydas* consomme les feuilles de *Rhizophora* spp.,

- le Pacifique central, le contenu stomacal de la tortue verte est constitué essentiellement d'algues Mortimer (1995b),

- le Pacifique occidental, *C. mydas* s'alimente d'algues rouges (*Amansia* sp.), vertes (*Chlorodesmis* sp.) et brunes (*Turbinaria* sp.), et peut consommer occasionnellement le macrozooplancton comme les méduses.

Certaines tortues qui fréquentent les fonds océaniques se nourrissent des algues telles que *Enteromorpha* sp., *Polysiphonia* sp. et *Dictyota* sp.. Parmi les plantes marines ingérées, on peut citer *Zostera* sp. et *Thalassia* sp. ainsi que les fruits de palétuviers (*Avicenia* sp. et *Rhyzophora* sp.).

I.3.2. Traces des tortues marines sur les côtes du Cameroun

Selon Fretey (1998), quatre espèces de tortues marines sont au Cameroun ; il s'agit des tortues verte (*Chelonia mydas*), luth (*Dermochelys coriacea*), imbriquée (*Eretmochelys imbricata*) et olivâtre (*Lepidochelys olivacea*).

Chelonia mydas appelée en Iyassa « kudu amekagni » a été observée sur les côtes camerounaises, mais elle ne semble pas y nidifier (Fretey, 1998). Quant à *Dermochelys coriacea* appelée en Iyassa « ndiva », sa nidification reste mal connue dans l'Ouest africain. On trouve cependant ses pontes dans le Sud du Cameroun Fretey (1998). Fretey (2001) a aussi découvert des pontes sporadiques au Sud d'Ebodjé vers Campo.

Eretmochelys imbricata ou « kudu angodjé » en Iyassa a été signalée à Londji Fretey (1998). Il s'est surtout agi de jeunes individus si on considère qu'une femelle de cette espèce est adulte quand la longueur de sa courbe dossière atteind 53 cm Marquez (1990) cit. Reichart (1993). Bien que Fretey (1998) indique aussi la présence de ces juvéniles sur la côte camerounaise, il ne pense pas que les côtes du Cameroun constituent un site de ponte pour cette espèce.

Lepidochelys olivacea ou « kudu amundja » en Iyassa a été citée à tort comme *Caretta caretta* Fretey (1998). En effet, cet auteur rapporte que les premières descriptions de la tortue olivâtre sont basées sur des observations de la carapace et ont commencé avec Loveridge & Williams en 1957. L'espèce pond régulièrement sur les côtes camerounaises.

I.3.3. Menaces pesant sur les tortues marines

Des huit espèces connues dans le monde, cinq vivent dans la région d'Afrique et Madagascar. Quatre sont classées par l'Union Mondiale pour la Nature comme espèces en danger : il s'agit de la tortue verte (*Chelonia mydas*), de la tortue imbriquée (*Eretmochelys imbricata*), de la tortue olivâtre (*Lepidochelys olivacea*), et de la tortue luth (*Dermochelys coriacea*). La tortue caouanne (*Caretta caretta*) est l'espèce la plus vulnérable (UICN Red list of threatened species) Anonyme (2000a).

I.4. CADRE INSTITUTIONNEL SUR LES MILIEUX MARINS ET COTIERS

I.4.1. Conventions internationales

Le Cameroun a signé la plupart des grandes conventions régionales ou internationales sur l'environnement parmi lesquelles:

- la convention sur les espèces migratrices (CMS),
- la convention sur le commerce international des espèces de faune et de flore en voie d'extinction (CITES) adoptée à Washington en 1993 ; le Cameroun y adhère depuis le 5 juin 1982,
- la convention sur la diversité biologique (CDB),
- la convention sur le patrimoine mondial (CPM),
- la convention sur les lois de l'Océan (UNCLOS),
- et le mémorandum d'Abidjan qui 'est un texte spécifique sur la protection des tortues marines et leurs habitats. Il a été signé par le Cameroun en 2002.

I.4.2. Législation nationale

Selon la législation foncière du Cameroun, la zone côtière est une propriété privée de l'État, à partir des plages de sable jusqu'à 50 m au-delà des hautes marées selon le Régime Foncier du Cameroun de 1974.

Les tortues marines sont protégées par l'arrêté n° 1954/A/MINTOUR/DFAP/SC du 16 décembre 1991, qui fixe la liste des espèces animales en voie d'extinction. On retrouve dans la classe A les espèces intégralement protégées, dans la classe B les espèces partiellement protégées pouvant être chassées, capturées ou abattues après obtention d'un permis approprié, dans la classe C les autres espèces dont l'abattage est réglementé.

Dans la classe B, notons qu'il existe une rubrique « Grandes tortues Chelonyidae ». Nous pouvons en déduire d'une part que la capture et l'abattage d'individus des espèces *Lepidochelys olivacea*, *Chelonia mydas*, *Caretta caretta* et *Eretmochelys imbricata* est autorisé aux personnes qui détiennent un permis approprié, et d'autre part que *Dermochelys coriacea* ne bénéficie que de la protection de la classe C (abattage réglementé). Les tortues Chelonyidae font partie de la classe B alors que les Dermochelyidae appartiennent à la classe C.

I.4.3. Propriété forestière

La structure de la propriété forestière suit, à quelques exceptions près, celle de la propriété foncière (Ngodo, 2001). Ainsi distingue-t-on les forêts domaniales et communales du domaine forestier permanant et des forêts privées. La propriété forestière est structurée au profit exclusif de l'État, propriétaire unique de la ressource au détriment des populations, devenues de simples usagers. Pour des besoins d'aménagement et de conservation, le domaine forestier est classé en deux catégories : le domaine forestier permanent et le domaine forestier non permanent, loi n° 94/01 du 20 janvier 1994 portant Régime des forêts, de la faune et de la pêche.

Le domaine forestier permanent, équivalent des forêts classées, est constitué des terres affectées définitivement à la forêt et à l'habitat de la faune. Les forêts permanentes doivent couvrir au moins 30 % de la superficie du territoire national et représenter la diversité écologique du pays. L'aménagement forestier est obligatoire et procède du souci de l'Etat de disposer d'une couverture végétale reflétant la biodiversité nationale. En font partie des domaines forestiers permanents, les forêts domaniales et communales.

Les forêts domaniales sont celles qui sont classées et immatriculées au nom de l'Etat. Elles comprennent d'une part les aires protégées pour la faune (parcs nationaux, réserves de faune, zones d'intérêt cynégétique, « game-ranches », sanctuaires, zones tampons), et d'autre part les réserves forestières, les réserves écologiques intégrales, les forêts d'enseignement et de recherche, les sanctuaires de flore, les jardins botaniques et les périmètres de reboisement (Ngodo, 2001).

CHAPITRE II. MÉTHODOLOGIE

Pour étudier les tortues marines, on a pendant deux semaines du mois de septembre 1998 procédé à des interviews des populations le long de l'axe routier Kribi-Campo pour recueillir des informations sur la présence de ces animaux sur les côtes de Campo-Ma'an. A la suite des informations recueillies, les plages de sable à accès facile (sans blocs rocheux) pour les tortues et, peu fréquentées dans la nuit par les populations ont été choisies pour le suivi de ponte des chéloniens.

II.1. METHODE D'ETUDE DES TORTUES MARINES

Entre Kribi et Campo, le tronçon Mbendji-Bekolobé (Fig. 3) a été retenu pour un inventaire quotidien des traces et des nids des tortues marines et ce, pendant 13 mois (d'août 2000 à août 2001), afin d'estimer le taux de fréquentation des plages par ces bêtes. Sur l'ensemble du parcours Kribi-Campo on a procédé au marquage des tortues marines capturées par des pêcheurs pour étudier les déplacements et à l'identification des carapaces retrouvées dans les villages côtiers.

II.1.1 Inventaire des tortues marines et détermination des périodes de ponte

La méthode utilisée est celle de Richardson (1999). Pour cette partie du travail, cinq sites ont été retenus pour leur caractère naturel marqué par l'existence d'un écran végétal presque intact et des plages de sable le long de la côte Kribi et Campo. Il s'agit des localités suivantes avec leurs longueurs : Mbendji (2 Km), Ebodjé (3 Km), Ipeyendjé (2,5 Km), Beyo (2,7 Km) et Lolabé (2,8 Km).

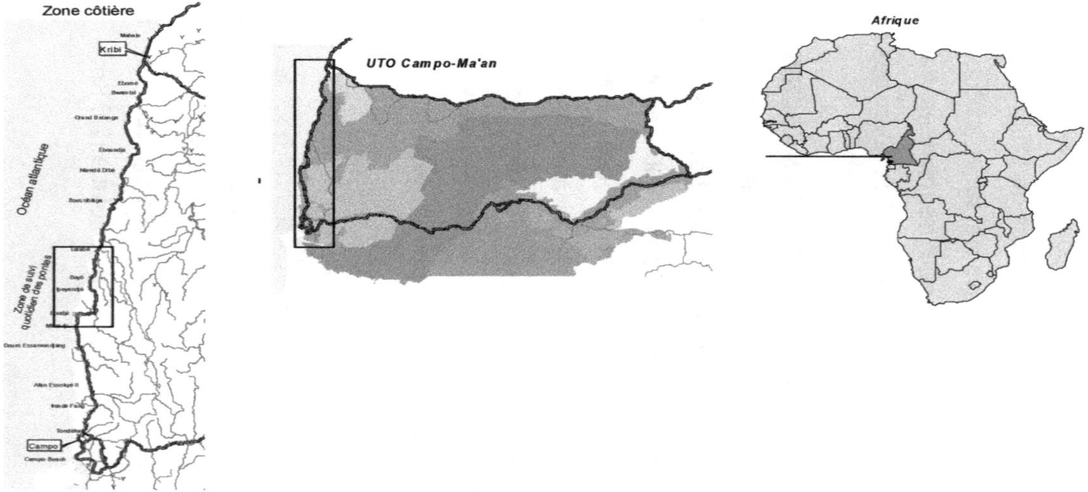

Fig. 3. Carte de localisation des localités d'observation des traces et des nids de ponte dans l'UTO Campo-Ma'an.

Quotidiennement, une patrouille nocturne de cinq villageois formés à la tâche de l'inventaire des tortues marines sur les plages est effectuée dans chaque site entre 21 heures et 23 heures pour repérer les femelles venues pondre sur la plage, recueillir leurs données biométriques (longueur et largeur de la courbe de la dossière des animaux) et compter les traces de passage ou les nids construits dans la nuit. A l'aube, entre 5 heures et 6 heures, une autre patrouille est faite pour rechercher et compter de nouvelles traces de passage et de nouveaux nids des tortues.

II.1.2. Identification spécifique des carapaces dans les villages côtiers

Pendant quatre années consécutives (1998, 1999, 2000 et 2001), le recensement des carapaces le long des côtes de l'UTO Campo-Ma'an a contribué à faire un inventaire exhaustif des différentes espèces de tortues marines qui fréquentent les côtes camerounaises, et des menaces qui pèsent sur leur survie. Les carapaces trouvées dans les différents ménages ou en exposition au bord de la route ont été identifiées et mesurées.

II.1.3. Etude des déplacements locaux et des migrations

Pour étudier les mouvements des tortues marines, les individus capturés de nuit sont marqués sur le lieu de la ponte ; ceux pris au filet des pêcheurs le sont dans la matinée. Dans l'ensemble de l'aire d'étude (Kribi-Campo), les pêcheurs artisanaux qui piègent les tortues dans leurs filets destinés à la pêche des poissons, les ramènent à la station pilote d'Ebodjé où dans les locaux du projet à Kribi, soit pour une première identification suivie du marquage, soit pour une seconde identification lorsque les animaux possèdent déjà une bague. Les tortues recapturées sont identifiées par leur numéro de bague, le lieu de la première pose, la date de première capture et de second relâchage. Les données biométriques sont consignées dans des fiches d'identification.

La technique de marquage utilisée a été décrite par Fretey (1998). Elle consiste à agrafer une bague de type MONEL sur le bord postérieur de l'une des pattes antérieures pour les espèces suivantes : *Lepidochelys olivacea, Chelonia mydas* et *Eretmochelys imbricata*, ou au rebord postérieur pour l'espèce *Dermochelys coriacea*.

Pour apprécier l'amplitude des déplacements locaux et des migrations de ces animaux, il faut noter qu'on a été en liaison avec la base de données sous-régionale « Protection des Tortues Marines en Afrique Centrale » (PROTOMAC) et la base régionale « KUDU », où transitent toutes les données de la façade atlantique d'Afrique et qui informe les partenaires sur les différents cas de migration trans-frontalière.

II.3. ÉTUDE DE LA VÉGÉTATION ALGALE DE LA CÔTE DE L'UTO CAMPO-MA'AN ENTRE EBODJE ET IPEYENDJE

Le régime alimentaire des tortues marines (jeunes *Chelonia mydas*) intègre la flore algale Formia (2002). Ainsi la prospection a été axée entre Ebodjé et Ipenyendjé à cause de la présence en ces lieux des algues qui sont un indice de l'existence probable des tortues marines Bjorndal & Zug (1995).

Les prélèvements ont porté sur quatre localités (Tableau II).

Tableau II. Coordonnées géographiques des localités prospectées.

Localités	Coordonnées géographiques
Campo beach	2° 20' 784 N et 9° 49' 850 E
Ebodjé	2° 34' 162 N et 9° 49' 421 E
	2° 33' 815 N et 9° 49' 405 E
Mbendji	2° 33' 062 N et 9° 49' 412 E

Ipenyendje	2° 35' 928 N et 9° 50' 055 E

Des échantillons d'algues macroscopiques ont été prélévés par grattage des roches puis fixés sur place au formol à 10 % et identifiés au laboratoire de Biologie et Physiologie Végétales de l'Université de Yaoundé I Atangana Etémé (2000).

II.4. ÉTUDE DE LA VÉGÉTATION ADJACENTE DES PLAGES DE L'UTO CAMPO-MA'AN

Un inventaire préliminaire a permis en marchant le long des plages d'identifier les types de végétation qui s'y trouvent, de récolter et d'identifier directement si possible les herbacées.

Afin d'étudier et de délimiter les bandes de végétation situées en bordure des plages et n'ayant pas subi l'influence de l'activité anthropique, on a procédé à l'interprétation sous stéréoscope des photographies aériennes de la côte entre Kribi et Campo, réalisées par la « Cameroon Oil Transportation Petroleum (COTCO) » en 1995. Ensuite avons couplé cette interprétation aux observations faites lors des missions de terrain. Le travail d'identification des aires de forte densité de végétation a été réalisé en collaboration avec l'Institut National de Cartographie de Yaoundé.

II.4.1. Récolte des échantillons botaniques

Deux types d'échantillonnage ont été réalisés, à savoir une prospection botanique au cours de laquelle les fragments de fleurs, de fruits ou de tiges stériles ont été prélevés, pressés pour identification à l'Herbier National de Yaoundé, en collaboration avec les chercheurs de la fondation Tropenbos Cameroon et l'Université de Waghenigen aux Pays- Bas. Des relevés floristiques en quadrat pour l'étude quantitative de la végétation ont été effectués.

II.4.1.1 Dispositif expérimental pour la récolte des échantillons

Après la première prospection, les zones à échantillonner sont choisies en fonction du type de végétation Schnell (1971).

Le quadrat ou plot Edwards (1994) a été utilisé comme base de l'étude des paramètres de la végétation : ceux de 50 x 50 m et de 50 x 25 m sur les terrains accidentés.

Au centre d'un quadrat, on a installé à chaque fois, un sous-quadrat de 10 m x 10 m pour recenser les plantes du sous-bois.

Pour étudier la végétation, 21 quadrats de 50 m x 50 m et 2 quadrats de 25 m x 50 m ont été échantillonnés dans les localités suivantes (tableau III).

Tableau III. Nombre de quadrats en fonction de la localité étudiée.

Localité	Coordonnées géographiques du quadrat	Nombre de quadrats
Lolabé I	2° 43' 190 N et 9° 51' 575 E	1
Bekolobé 2	2° 39' 853 N et 9° 50' 729 E	1
Bekolobé I	2° 38' 412 N et 9° 50' 586 E	1
Rocher du Loup	2° 37' 214 N et 9° 50' 506 E	4
Ipenyendjé	2° 35' 928 N et 9° 50' 055 E	4
Likodo	2° 34' 707 N et 9°49' 761 E	4
Mbendji	2° 33' 254 N et 9° 49' 417 E	4
Mbondo	2° 30' 331 N et 9° 49' 067 E	1

Etonde Nord	2° 27' 057 N et 9° 49' 574 E	1
Etonde	2° 27' 953 E et 9° 49' 415 E	1
Nwode	2° 26' 186 N et 9° 49' 656 E	1

II.3.1.2. Mesures du diamètre des arbres

Pour étudier le couvert végétal, on a mesuré le diamètre du caule de l'arbre à 1,30 m au-dessus du sol. Pour les arbres à contreforts et à racines échasses, on a mesuré le fût au-dessus de ces structures Vivien & Faure (1985). La couverture végétale donne une meilleure estimation de la mesure de la biomasse végétale que le nombre d'individus. Cette biomasse influence le microclimat de la côte. Tous les arbres dont le diamètre est supérieur à 10 cm sont mesurés à l'aide d'un diamètre ruban, dans les quadrats de dimensions 50 x 50 m et ceux de 50 x 25 m. Dans les plots de 10 x 10 m, seuls sont mesurés les individus ayant un diamètre inférieur à 10 cm. Les données recueillies sont enregistrées dans une fiche de terrain, et les sujets mesurés sont légèrement incisés pour éviter des répétitions de mesure sur les mêmes individus.

II.4.2. Terminologie utilisée dans l'étude de la végétation

L'étude quantitative de la végétation prend en compte les différentes stations qui représentent les sites de nidification des tortues marines. Il s'agit dans un premier temps d'identifier les espèces que l'on retrouve régulièrement dans les milieux côtiers et surtout dans les conditions naturelles et dans un deuxième temps, de reconnaître les zones à forte couverture végétale.

La densité de la végétation

La densité spécifique est le nombre d'arbres d'une espèce donnée par unité de surface, alors que la densité relative correspond au rapport entre le nombre d'individus d'une espèce donnée et le nombre total des individus de toutes les espèces rencontrées dans une surface considérée, le tout multiplié par 100. Ainsi donc :

$$\text{Densité relative} = \frac{\text{Nombre d'individus d'une espèce}}{\text{Nombre total d'individus rencontrés sur une aire donnée}} \times 100.$$

La surface terrière d'un individu

La surface basale ou terrière correspond à celle occupée par la tige d'un arbre dans une parcelle de la végétation. La surface basale des arbres d'une station ou d'une parcelle s'obtient en faisant la somme des valeurs individuelles.

La dominance végétale

La dominance exprime le taux d'occupation d'une aire donnée par une espèce dans une communauté. Elle s'exprime en m²/ha. La dominance relative est le rapport de la surface terrière totale d'une espèce multipliée par 100 et divisée par la surface terrière totale de toutes les espèces confondues dans cette aire Ndongo (1993) :

$$\text{Dominance relative} = \frac{\text{Surface basale d'une espèce d'arbre}}{\text{Surface basale de toutes les espèces d'arbres confondues}} \times 100.$$

Une espèce peut être peu abondante mais exercer une forte dominance sur la communauté. C'est pour cette raison que la densité et la dominance sont souvent utilisées ensemble dans un coefficient mixte d'abondance-dominance.

La fréquence spécifique

La fréquence est un rapport mathématique entre un ensemble et ses éléments. On distingue la fréquence absolue d'une espèce (abondance) qui est le nombre de fois qu'un élément apparaît, de la fréquence relative qui correspond au rapport entre la fréquence absolue multipliée par 100 et le nombre total des observations :

$$\text{Fréquence relative} = \frac{\text{Fréquence absolue d'une espèce}}{\sum \text{ des fréquences absolues de toutes les espèces}} \times 100.$$

II.4. INVENTAIRE DES TYPES DE POLLUTION EN ZONE LITTORALE DE L'UTO CAMPO-MA'AN

On appelle pollution, toute contamination ou modification directe ou indirecte de l'environnement provoquée par tout acte susceptible :

- d'affecter défavorablement une utilisation du milieu favorable à la vie de l'homme,
- de provoquer (ou qui risque de provoquer) une situation préjudiciable pour la santé, la sécurité, le bien-être de l'homme, la flore et la faune, l'air, l'atmosphère, les eaux, les sols, les biens collectifs et individuels Anonyme (1996), Loi n° 96/12 du 5 août 1996 portant loi-cadre relative à la gestion de l'environnement.

En longeant les plages de l'UTO Campo-Ma'an, des observations ont été effectuées afin d'identifier tout objet solide ou liquide susceptible d'être une source de dégradation de l'environnement dans les sections de plages suivantes:

- Campo-Itonde mer,
- Itonde-Ebodjé,
- Ipeyendje-Lolabe,
- Mbode-Eboundja,

- Eboundja-Lobé.

Ainsi, à l'aide des techniciens, le nombre de grumes a été compté puis mesuré, à l'aide d'un mètre ruban, la longueur, la largeur et enfin précisé l'orientation des grumes échouées sur les plages. Les échantillons et déchets trouvés dans les différents sites ont été ensuite récupérés et transportés dans un sac poubelle jusqu'au site du projet où Ils ont été classés en fonction de leur nature, ceux possédant des tâches d'hydrocarbures ont été comptabilisés.

II.5. ANALYSE DES RESULTATS
- Analyse des résultats d'études des tortues marines

Une comparaison des données sur la fréquentation, par les tortues marines, des sections de plages étudiées avec celles obtenues en Guinée Equatoriale par Formia (2002), à Sao Tomé et Principe par Fretey et al. (2001) et bien d'autres ont permis d'estimer l'importance sous-régionale des plages de l'UTO Campo-Ma'an.

- Description des déplacements

Une tortue capturée et baguée à un endroit puis reprise et identifiée à un autre endroit, sera considérée, comme ayant effectué un mouvement, de ce premier point de marquage à l'autre.

- Végétation

Après la récolte des différents échantillons dans la forêt et l'identification des espèces, une liste de celles-ci est dressée. La description floristique des différentes stations prend en compte la dominance relative des espèces dans chaque station. Celle de l'organisation horizontale de la végétation intègre toutes les données quantitatives (taille des arbres, stratification et détermination des espèces dominantes qui influencent la canopée).

- Structure spécifique végétale

A partir de la liste des espèces végétales, la structure en taille qui est ici la distribution du nombre d'individus d'une espèce par classe de diamètre est également décrite.

- Analyse des résultats d'inventaire de pollution

Après la classification des déchets par nature, les sources de pollution sont déterminées ainsi que les plages où les tortues marines rencontrent le plus de difficultés pour les montées sur les plages et pour leur vie en milieu marin.

Les récoltes d'objets couverts de traces de goudron ont permis d'identifier les sections de plages sur lesquelles échouent des déchets organiques, et par conséquent les zones maritimes susceptibles d'être polluées par des hydrocarbures.

Le taux d'encombrement de chaque plage est calculé pour chaque site et correspond au rapport entre la surface totale occupée par des billes de bois (m□) et celle de la plage (m□). Ce taux exprime pour une plage la proportion qui est inaccessible pour la ponte des tortues marines.

II.6. ANALYSES STATISTIQUES

L'analyse des données sur les tortues marines s'est déroulée en plusieurs étapes (l'analyse simple ou statistique descriptive, le calcul des moyennes, les comparaisons multiples) et a été réalisée avec le logiciel SPSS. Version 10.00. Quant à l'analyse des données de la végétation, elle a été faite par le logiciel TREMA (calcul des fréquences relatives, densités relatives, surfaces terrières).

CHAPITRE III. RÉSULTATS

III.1. TORTUES MARINES DES CÔTES DU CAMEROUN

III.1.1. Inventaire faunistique

Sur les côtes de l'U.T.O. Campo-Ma'an et d'après les enquêtes réalisées auprès des populations riveraines, on retrouve cinq espèces de tortues marines. Il s'agit de la tortue verte ou *Chelonia mydas* (L.) (Fig. 4), la tortue imbriquée ou *Eretmochelys imbricata* (L.) (Fig. 5), la tortue olivâtre ou *Lepidchelys olivacea* (Eschscholtz) (Fig. 6), la tortue luth ou *Dermochelys coriacea* (L.) (Fig. 7) et la tortue caouanne ou *Caretta caretta* (L.).

Les espèces *Lepidochelys olivacea* et *Dermochelys coriacea* peuvent être observées tant en milieu marin que sur les plages. Dans l'ensemble 46 tortues ont été capturées (Tableau. IV). L'espèce *Lepidochelys olivacea* a essentiellement (94,7 %) été attrapée sur les plages ; elle y monte (tout comme *D. coriacea*) pour pondre ses œufs.

Pour les espèces *Chelonia mydas*, *Eretmochelys imbricata* et *Caretta caretta* qui vivent près des côtes, leurs pontes n'ont pas été observées sur les plages de l'UTO Campo-Ma'an.

Des collections villageoises, aucune carapace de *Dermochelys coriacea* n'a été trouvée parce qu'elle est difficile à conserver ; celles de *Caretta caretta* sont aussi rares quoique les couannes soient fréquemment aperçues dans la mer.

Fig. 4. Tortue verte (*Chelonia mydas*).
  Cliché Angoni (2002)

Fig. 5. Tortue imbriquée *(Eretmochelys imbricata)*.
  Cliché Angoni (2000)

Fig. 6. La tortue olivâtre (*Lepidochelys olivacea*).
Cliché Angoni (2002)

Fig. 7. La tortue luth (*Dermochelys coriacea*).
Cliché Angoni (2000)

Tableau IV. Nombre d'individus par espèce identifiés en fonction du milieu de capture.

Légende :

/ : Pas de données chiffrables ; 0 : Pas de capture dans ce milieu.

Espèce	Nombre d'individus identifiés en fonction du milieu de capture	
	Plage de sable	Milieu marin
Chelonia mydas	0	15
Eretmochelys imbricata	0	12
Lepidochelys olivacea	18	1
Dermochelys coriacea	/	/
Caretta caretta	/	/

III.1.2. Caractéristiques biométriques des tortues marines

Une étude biométrique des tortues marines a été faite sur la base des mesures de 456 individus identifiés parmi lesquels 294 vivants marqués et 162 individus morts (dont les carapaces ont été conservées dans les villages côtiers du site d'étude).

Les résultats de cette analyse sont reportés dans le tableau V. Si on considère par exemple la longueur de la courbe de la dossière, il apparaît que Dermochelys coriacea (D. coriacea) est la plus grande tortue, tandis que Eretmochelys imbricata (E. imbricata) en est la plus petite parmi les spécimens observés.

Tableau V. Données morphologiques (moyennes) des tortues marines.

Paramètres / espèces	Nombre	Longueur max (cm)	Longueur moyenne (cm)	Longueur minimale (cm)
C. mydas	170	70	50,9	20
E. imbricata	129	80	46,2	29
L. olivacea	157	87	67,5	4,5

Les trois spécimens de *D. coricea* que nous avons mesurés avaient des longueurs de la dossière de 145, 140 et 138 cm.

Pour étudier la structure en taille (de la dossière) des différentes tortues, les mesures prises sont disposées en classe de taille d'une amplitude de 5 centimètres.

Ainsi pour *C. mydas*, les tailles vont de la classe « 20-25 » à « 70-75 » avec un mode de « 45-50 ». On rencontre peu d'individus de moins de 35 cm (Fig.8).

Chez *E. imbricata*, la répartition donne une étendue de la classe de « 25-30 » à « 80-85 », le mode étant « 35-40 » soit une distribution décalée de la normale et étalée vers la droite (Fig. 9). Ce shéma indique qu'il y a une capture importante des individus dont la longueur de la dossière dépasse 45 cm.

La structure en taille de *L. olivacea* montre l'existence (Fig. 10) de trois cohortes :

- celle qui regroupe les individus des classes 0-5 à 15-20 ;
- celle dont la longueur de la courbe de la dossière des individus est de 40 à 55 cm ;
- et celle comprenant de grands individus (longueur supérieure ou égale à 60 cm).

Les deux premières cohortes sont très faiblement représentées dans la population ; c'est dans la dernière par contre que se situe la classe modale (60-70). Ce groupe forme la quasi-totalité de la population.

Sept spécimens de *D. coriacea* ont été observés au cours de ce travail. Leurs dossières mesuraient entre 120 et 150 cm de longueur. Le nombre d'individus croît dans le même sens que la taille (Fig. 11).

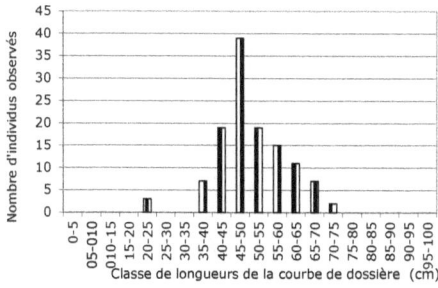

Fig. 8. Répartition des individus de *Chelonia mydas* en fonction des classes de taille.

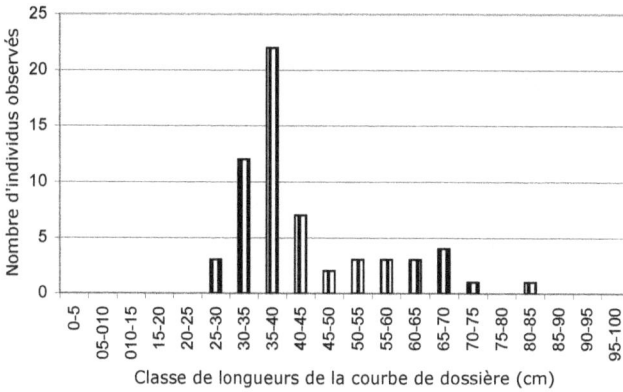

Fig. 9. Répartition des individus d'*Eretmochelys imbricata* en fonction des classes de taille.

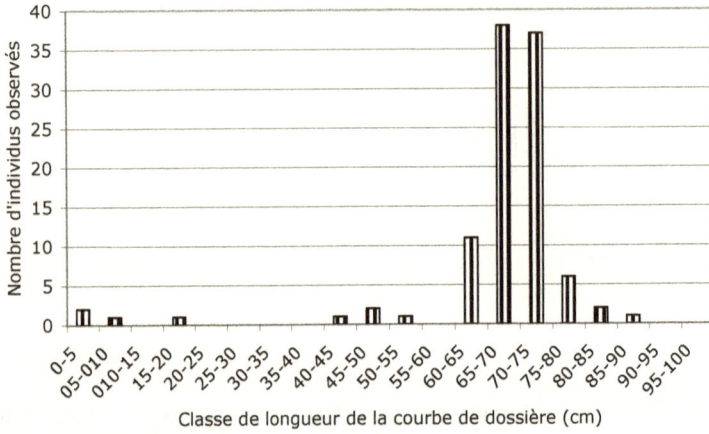

Fig. 10. Répartition des individus de *Lepidochelys olivacea* en fonction des classes de taille.

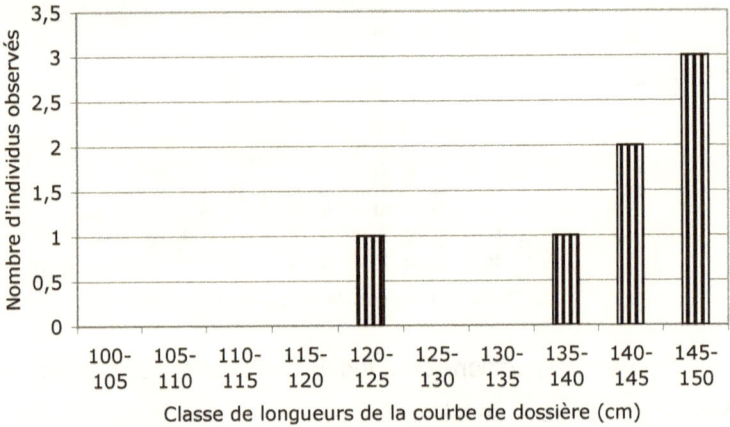

Fig. 11. Répartition des individus de *Dermochelys coriacea* en fonction des classes de taille.

III.1.3. Nidification des tortues marines sur les plages de l'U.T.O. Campo-Ma'an

Des patrouilles effectuées pendant 13 mois (d'août 2000 à août 2001) pour le décompte des traces de tortues marines, il ressort que 81 % de celles-ci sont attribuées à *L. olivacea* et le reste soit 19 % à *D. coriacea* (Fig. 12).

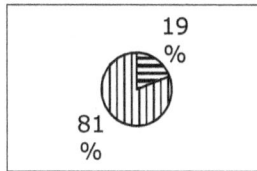

Fig. 12. Fréquence des traces des tortues marines sur les plages de l'UTO Campo-Ma'an.

Légende : [||||] *Lepidochelys olivacea* [≡] *Dermochelys coriacea*

Lepidochelys olivacea fréquente donc plus les plages du site d'étude que *Dermochelys coriacea*.

En suivant une trace de tortue sur la plage de sable (Fig. 13) on peut trouver un nid au bout des marques, à la limite entre la végétation avoisinante et la plage. La figure 14 rend compte de la distribution de fréquences des nids et des traces, toutes espèces de tortues confondues. On peut remarquer que le nombre de nids est pratiquement le même que celui des traces, sauf aux mois d'octobre, novembre, janvier et février parce que certaines tortues rencontrant des obstacles au moment de la ponte rentrent sans creuser un nid pour les œufs. Cette figure confirme que les tortues marines remontent les plages pour creuser les nids. Les plages de l'UTO Campo-Ma'an enregistrent un succès dans la sélection du site.

Fig. 13. Traces de la tortue olivâtre (*Lepidochelys olivacea*) sur la plage d'Ebome. Cliché Angoni (2003)

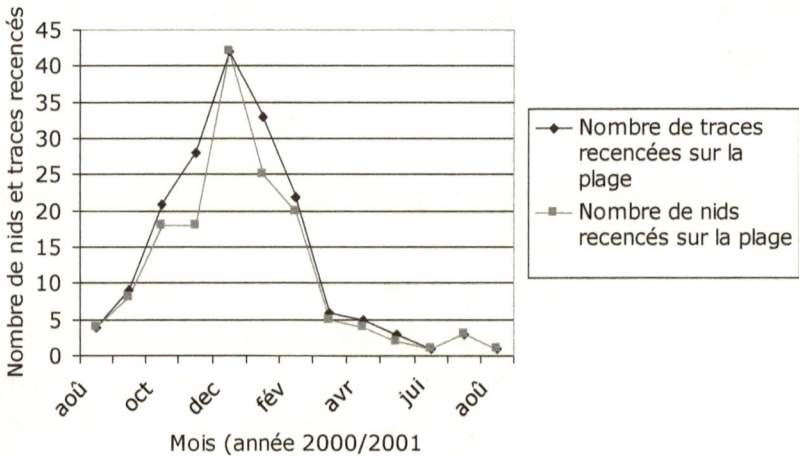

Fig. 14. Distribution des fréquences mensuelles des nids et des traces de tortues marines toutes espèces confondues (2000/2001).

III.1.3.1. Distribution des nids par localité étudiée

Toutes les plages de la zone de suivi quotidien des tortues marines, d'une longueur de 13 km, sont accessibles à pied et sont montées par des tortues *L. olivacea* et *D. coriacea* (Tableau VI). Ipeyendjé est incontestablement le meilleur site de nidification des

tortues (37,1 % des nids) suivi par ordre décroissant de Mbendji (20,8 %
de nids), Bekolobé et Beyo (19,1 % de nids chacun) et enfin Ebodjé (3,9
% de nids). Ce faible pourcentage de montées à Ebodjé est en rapport
avec l'abondante activité humaine perturbatrice des tortues qui s'y
développe la nuit.

Tableau VI. Nombre de nids des tortues marines par localité au cours de
la période de juillet 2000 et août 2001.

Plage de ponte	Longueur de la plage (km)	Espèces identifiées	
		L. olivacea	*D. coriacea*
Mbendji	2	30	7
Ebodjé	3	6	1
Ipeyendjé	2,5	58	8
Beyo	2,7	26	8
Bekolobé	2,8	23	11

III.1.3.2. Délimitation de la période de nidification des tortues marines
sur les plages de l'UTO Campo-Ma'an.

Les pontes des deux espèces de tortues marines qui nidifient sur
les côtes s'étalent sur toute l'année avec un seul mode en décembre.
Toutefois, *L. olivacea* ne semble pas pondre en juin-juillet, de même *D.
coriacea* en août-septembre (Fig. 15). On note également que pour la
tortue luth, les montées sont peu nombreuses.

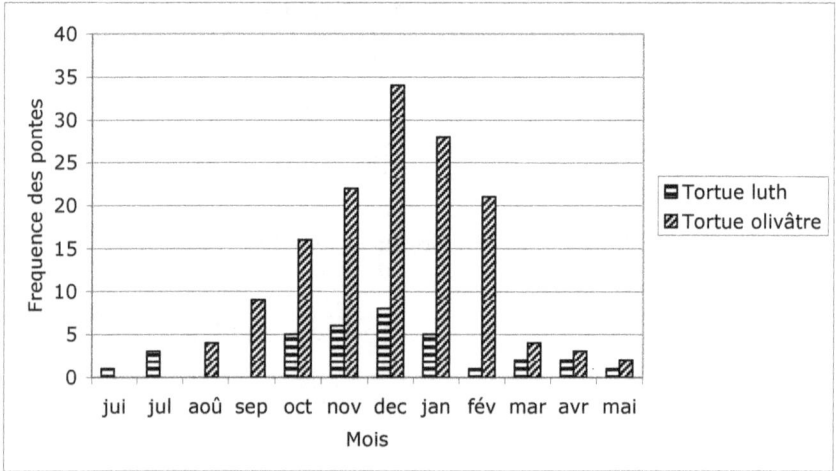

Fig. 15. Fréquence des pontes au cours de l'année 2000/2001.

III.1.4. Déplacements locaux et migrations

293 tortues marines (132 *C. mydas*, 55 *E. imbricata*, 97 *L. olivacea*, 8 *D. coriacea* et 1 *C. caretta*) ont été identifiées et marquées (fig. 16) pour suivre leur mouvement le long de la côte de l'UTO Campo-Ma'an et hors des frontières maritimes (migrations).

Fig. 16. Tortue verte (*Chelonia mydas*) marquée à la bague MONEL. Cliché Angoni (2000)

Durant cette période d'observation, 18 *C. mydas*, 1 *E. imbricata*, 1 *D. coriacea* et 2 *L. olivacea* ont été bagués et repris entre 1999 et 2001 (Tableau VII). Pour *Chelonia mydas* 14, spécimens ont été recapturés à Kribi au niveau ou non loin du lieu où ils ont été bagués (Kribi), effectuant de ce fait des déplacements de 3 km de distance maximum le long de la côte. Deux autres individus marqués par les numéros ECO 1205 et F 729 à Lolabe ont été resaisis à Kribi, soit 35 km de déplacement. L'individu ECO 1172 de l'espèce *E. imbricata* repris à Ebodjé a réalisé un voyage de 50 km par rapport à son lieu de baguage (Kribi). De même, le seul individu *D. coriacea* marqué du numéro ECO 1216 et les deux *L. olivacea* portant les numéros ECO 1226 et Bj 0408 ont effectué des déplacements de 2 Km par rapport à leurs différents lieux de marquage.

Tableau VII. Date et lieu de capture-marquage et recapture des espèces *Chelonia mydas*, *Dermochelys coriacea*, *Eretmochelys imbricata* et *Lepidochelys olivacea* entre les années 1999 et 2001.

Espèce	N° de bague	Première capture		Recapture	
		Date	Plage	Date	Plage
C.myd	ECO 1105	24/03/00	Elabe (Kribi)	12/03/01	Elabe (Kribi)
C.myd	ECO 1191	09/12/99	Mahalet (Kribi)	07/03/00	Elabe (Kribi)
C.myd	ECO 1291	07/03/00	Mahalet (Kribi)	27/02/01	Elabe (Kribi)
C.myd	ECO 1105	12/03/00	Elabe (Kribi)	29/01/01	Ngoyé (Kribi)
C.myd	ECO 1205	16/10/00	Lolabé	20/11/00	Ebome (Kribi)
C.myd	ECO 1237	06/12/00	Elabe (kribi)	18/12/00	Elabe (kribi)
C.myd	ECO 1228	21/11/00	Ngoyé (plage)	18/01/01	Wamié (Kribi)
C.myd	BJ 0436	16/02/01	Nziou (kribi)	18/05/01	Elabé (kribi)
C.myd	ECO 1224	20/11/00	Ngoyé (kribi)	04/12/00	Elabé (kribi)
C.myd	BJ 0485	22/03/01	Mahalet (kribi)	09/04/01	Ngoyé (kribi)
C.myd	ECO 1143	15/03/00	Elabé (kribi)	20/03/00	Mahalet (kribi)
C.myd	ECO 1276	07/03/00	Mahalet (kribi)	26/03/00	Elabé (kribi)

C.myd	ECO 1108	31/03/00	Elabé (kribi)	24/04/00	Ngoyé (kribi)
C.myd	F 729	03/10/01	Lolabe	23/11/01	Nziou (Kribi)
C.myd	Bj 0496	11/05/01	Nlende	6/09/01	Nlende
C.myd	ECO 1119	19/05/01	Kribi	11/06/01	/
C.myd	ECO 1236	04/12/00	Elabé (kribi)	05/02/01	Kribi
C.myd	ECO 1298	09/02/01	Elabé (kribi)	26/11/01	Elabe (Kribi)
D. cor	ECO 1216	02/11/00	Bekolobé	17/11/00	Ipeyendjé
E.imb	ECO 1172	28/08/00	Nziou (Kribi)	09/00	Ebodjé
L. oli	ECO 1226	21/11/00	Kribi	04/12/00	Ngoyé (Kribi)
L. oli	Bj 0408	19/12/00	Kribi	16/01/00	Kribi

Légende :

C. myd = Chelonia myda,

D. cor = Dermochelys coriacea,

E. imb = Eretmochelys imbricata,

L. oli =Lepidochelys olivacea.

Parlant des migrations, notons que celles des jeunes tortues marines vers la Guinée Equatoriale sont réelles. On peut signaler les cas d'une part d'un spécimen de *C. mydas* numéroté ECO 1129 le 21/01/99 à Ngoyé (Kribi) et d'autre part d'un individu *E. imbricata* marqué ECO 1263 le 7/08/2000 également à Kribi, qui ont été recapturés respectivement à Bata et à Corisco en Guinée Equatoriale.

III.2. INVENTAIRE BOTANIQUE DES PRAIRIES ROCHEUSES

De jeunes tortues marines retrouvées dans l'UTO Campo-Ma'an se nourrissent des prairies rocheuses constituées d'algues le long des côtes. Ainsi, on a choisi de faire un inventaire d'algues que l'on retrouve sur certains de ces sites.

Le long de la côte de l'UTO Campo-Ma'an, 19 espèces qu'on peut regrouper en 11 familles d'algues ont été récoltées (Tableau VIII).

Les zones d'Etonde et de Campo Beach situées non loin de l'embouchure du Ntem sont pauvres en espèces à cause de la présence en ces lieux d'une eau chargée en débris organiques provenant de la scierie de Campo. Les algues rencontrées sont *Cladophora camerunica, Bostrychia tenella, Bostrychia binderi, Cladophora conglomerata, Bryopsis pennata, Bryopsis stenoptera* (Fig. 17), *Struvea anastomosans, Porolithon craspidum, Padina ovum* (Fig. 18), *Chondrus crispus* et *Sargasum vulgare*.

Tableau VIII. Liste des espèces d'algues récoltées le long de la côte et par localité.

Localité	Famille	Espèce
Ebodjé	Bostrychiaceae	*Bostrychia radicans*
		Bostrychia tenella
	Bryopsaceae	*Bryopsis pennata*
		Bryopsis stenoptera
	Caulerpaceae	*Caulerpa sertularoides*
	Cladophoraceae	*Cladophora multifida*
		Cladophora conglomerata
		Cladophora camerunica
		Cladophora serturina
	Corallinaceae	*Centroceras clavalatum*
	Spihonocladaceae	*Struvea anastomosans*
	Ulvaceae	*Enteromorpha compressa*
Ipeyendjé	Bryopsaceae	*Bryopsis pennata*
		Bryopsis stenoptera
		Bryopsis binderi
		Bryopsis tenella
	Ceramiaceae	*Chondrus crispus*

	Corallinaceae	Centroceras clavatum
		Porolithon craspidum
	Sargassaceae	Sargassum vulgare
Mbendji	Caulerpaceae	Caulerpa cupressoides
	Ceramiaceae	Gymnogongrus nigricans
	Cladophoraceae	Cladophora camerunica
		Cladophora conglomerata
		Chaetomorpha antennina
	Codiaceae	Coduim dichotomum
	Corallinaceae	Porolithon craspedum
	Dictyotaceae	Padina ovum
	Spihonocladaceae	Struvea anastomosans

Fig. 17. Microphotographie de l'espèce *Bryopsis stenoptera*.
(Cliché Atangana Etémé, 2000).

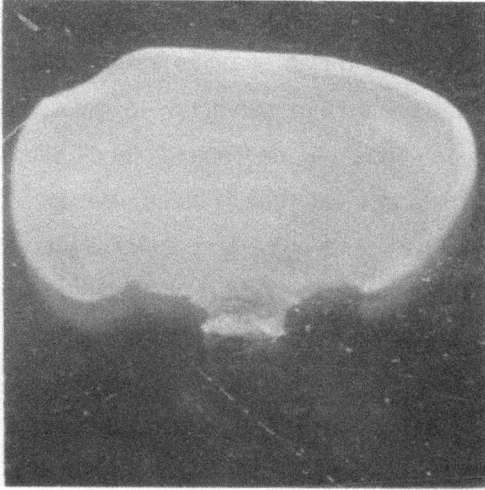

Fig. 18. Microphotographie de l'espèce *Padina ovum*.
(Cliché Atangana Etémé, 2000).

Certaines de ces algues ont été retrouvées dans le contenu stomacal des tortues marines. De même sur les aires d'alimentation, on a identifié des traces indiquant le broutage de cette flore.

III.3. DESCRIPTION DE LA VEGETATION ADJACENTE DES PLAGES DE L'UTO CAMPO-MA'AN

Les tortues marines nidifient à la limite forêt-plage de sable. Cette forêt contribue à stabiliser la ligne côtière. On a donc opté de décrire cette végétation afin d'identifier les menaces qui pèsent sur les habitats de ponte des tortues marines.

III.3.1. Profil végétal de la côte de l'UTO Campo-ma'an

Entre les villes de Kribi et de Campo, la côte atlantique camerounaise est entrecoupée par les fleuves Kienké, Lobé, Ntem et quelques petites rivières à l'embouchure desquelles on identifie les espèces *Rhizophora racemosa* et *Raphia hookeri*. Le long de cette côte, il existe également de nombreux deltas et baies surplombés par des individus de *Ceiba pentandra* qui, en mer, servent de repère des grandes agglomérations de Campo, d'Itondé mer, de Bouandjo et d'Ebodjé.

En juin-juillet, le balancement des hautes marées dénude complètement les plages ; il n'en reste qu'un cordon floristique à la limite supérieure des vagues. Par contre, en période de basses marées, la végétation herbacée rampante recolonise les plages de sable. Ainsi, dans la partie sud de la côte, par exemple Kribi-Campo, ces dernières sont essentiellement faites de sable marin à gros grains à l'état pur ou mélangé à de la vase fine, où poussent *Rimeria maritima* et *Ipomoea mauritiana*.

Au niveau du lieu-dit Rocher du Loup, la mer fait front à une succession de rochers colonisés par des algues *Cladophora camerounica* et *Bryopsis pennata*, de plus, au sommet des pierres montagnardes, on identifie l'espèce *Manilkara obovata*.

La végétation atlantique de l'UTO Campo-Ma'an est du type forêt dense équatoriale. Riche en *Uapaca heudelotii*, *Lophira alata* et *Pycanthus angolensis*, elle se différencie du cordon littoral constitué par les espèces *Terminalia catappa*, *Manilkara obovata* et *Dalbergia ecastaphyllum*. Les espèces *Ceiba pentandra*, *Lophira alata*, *Synsepalum* sp. sont les plus hautes et atteignent 60 m de hauteur.

La canopée est discontinue le long de la côte à cause de la présence des habitations villageoises des plantations ou des jardins de case. Mais, de nombreuses stations (Ipeyendje, Bekolobe, Rocher du Loup) ont permis de mettre en évidence l'existence des canopées fermées par une superposition de strates discontinues.

La végétation du cordon littoral se présente sous plusieurs aspects. Dans les zones perturbées (soit par des jachères, soit par l'installation des bâtiments), la forêt de reconstitution a l'aspect d'une brousse touffue parcourue par de nombreuses lianes. Elle est difficilement pénétrable à la base. Les arbres sont épars et mesurent au maximum 10 m de haut. En général, dans toutes les stations, on retrouve une strate herbacée (Agavaceae et Rubiaceae dominantes) et une strate arbustive ayant les mêmes caractéristiques. La violence des vagues à certains endroits (village de Bouandjo) crée ce que l'on appelerait des fronts d'érosion caractérisés par la disparition quasi totale du cordon floristique littoral. Directement sur le front de la mer, on peut reconnaître des specimens des espèces telles que *Ceiba pentandra*, *Musanga cecropioides*, *Voacanga africana* connues de toute la forêt équatoriale.

A côté des zones de reflux des eaux des cours d'eau, on rencontre les fourrés dominés par des raphiales. Ce sont des forêts ouvertes sur un sol marécageux, dominées par des espèces telles que *Raphia palmapinus*. L'un de ces fourrés se prolonge au niveau de la mer par une espèce lianescente, *Cesalpinia bonduc*, qui forme une voûte associée à l'espèce *Nypa fruticans* retrouvée à Itonde (5 km de Campo). Les fourrés arbustifs se rencontrent dans les stations de Nwode, Itondé mer, Mbendji qui ont subi une déforestation. Une régénération rapide intervient dans le sous-bois et la flore lianescente forme un mur de cicatrisation pour refermer la canopée forestière face à l'océan.

Dans les zones non perturbées (Rocher du Loup, Bekolobe et Lolabe), la végétation naturelle de la côte présente quelques aspects particuliers. Les peuplements végétaux dominés par *Terminalia catappa* à Ebodjé, *Manilkara obovata* à Mbendji et *Calophyllum inophyllum* à Bekolobe alternent le long de la plage.

Parlant de la stratification verticale, on peut reconnaître trois strates : une herbacée qui se prolonge jusqu'à la plage de sable, une arbustive d'une hauteur variant entre 10 et 15 m constituée essentiellement de *Terminalia catappa, Manilkara obovata, Barteria nigritiana, Cuviera longifolia* et *Ficus* sp., et une arborescente supérieure constituée des essences qu'on retrouve dans la forêt de terre ferme comme *Lophira alata, Ceiba pentandra*. Les arbres dominants de cette strate ont un fût droit qui se subdivise en un réseau de branchages et un bouquet de feuilles terminales constamment en mouvement par les courants d'air.

Dans les formations forestières au niveau des localités du Rocher du Loup, de Bekolobe, et de Lolabe, il existe une rupture entre la strate arbustive et arborescente qui crée un sous-bois aéré donnant l'aspect d'un couloir formé par le passage des « ouragans » venant de la mer. La strate arborescente supérieure ferme la canopée entre les hauteurs de 40 à 60 m. La stratification verticale peut donc se réduire à deux niveaux : une strate herbacée et une strate arbustive constituée de jeunes pousses de *Calophyllum inophyllum* ou de *Pentadesma buteracea* lorsque la station a subi une forte perturbation d'ordre anthropique, comme ça a été le cas à Nwode.

Parmi les épiphytes, quelques fougères (par exemple *Nephrolepis* sp.) sont fréquemment rencontrées sur les palmiers à huile. On a pu identifier l'espèce *Bulbophyllum* sp. à 10 m de hauteur dans les villages Mbode et Lolabé et le phytoparasite *Phytophtora* sp. sur un tronc de *Manilkara obovata* à Bouandjo.

Dans les zones abondamment inondées et dans les bas fonds de Likodo sont observés des peuplements de *Uapaca* sp. associés à un sous-bois paucispécifique. Les espèces *Jollydora* sp. et *Carapa procera* colonisent les sommets des monticules non exposés aux inondations. Au niveau de la mangrove du fleuve Ntem à Campo, la strate arborescente est représentée par *Rhizophora racemosa*, tandis que dans le sous-bois marécageux, on rencontre la fougère *Acrostichum aureum*.

La stratification horizontale présente une hétérogénéité à partir de la plage de sable jusqu'à la végétation de terre ferme. La végétation du front de mer est peuplée par les espèces telles *Manilkara obovata, Calophyllum inophyllum, Terminalia catappa* (Fig. 19) et *Pentadesma butyracea*. Plus en arrière, on retrouve : *Barteria nigritiana, Cuviera longifolia, Anthonotha* sp., *Oddoniodendron* sp. et de nombreuses Rubiacées en sous-bois.

Fig. 19. Vue de la végétation de la plage de sable d'Ebodjé.
Cliché Angoni (2002)

III.3.2. Potentiel floristique et diversité des familles végétales

La flore varie de la plage de sable à partir de la limite de plus haute marée jusqu'à la forêt de terre ferme. Cette dernière est constituée d'espèces ligneuses et lianescentes ne dépassant pas 40 m ou exceptionnellement atteignant 60 m de hauteur. Le tableau IX présente la liste des taxons qui ont été recensés dans les quadrats d'étude et le long des plages lors des différentes prospections.

La végétation de la bordure côtière se compose de 66 familles au contenu spécifique inégalement réparti. Les Rubiacées avec 17 espèces vivent en colonies à l'intérieur des zones inondables et colonisent le sous-bois avec 10,43 % des espèces identifiées dans ces biotopes ; les Euphorbiaceae représentent 6,13 % de la flore du cordon littoral, les Légumineuses-Fabaceae 5,52 % et les Légumineuses-Cesalpiniaceae 4,90 %.

Certaines familles ayant des variantes côtières telles que les Combretaceae (dont *Terminalia catappa* est la variante côtière) et les Rhizophoraceae sont moins représentées avec respectivement trois et une espèce. La position du *Terminalia catappa* sur le front de la plage de sable le rend vulnérable aux attaques des marées qui en ont déraciné de nombreux individus. De même les Guttifereae et Passifloraceae sont identifiées respectivement par les espèces *Manilkara obovata* et *Barteria nigritiana*.

Tableau IX. Liste des espèces végétales identifiées dans la zone d'étude.

Acanthaceae	Caparaceae
Thomandersia laurifolia	*Enadenia trifoliata*

Adiantaceae	**Cecropiaceae**
Acrostichum aureum	*Musanga cecropioides*
Agavaceae	**Celastraceae**
Dracaena arborea	*Salacia regiliana*
Dracaena braunii	
Dracaena scoparia	**Chrysobalanaceae**
	Chrysobalanus orbicularis
Amaranthaceae	*Maranthes chrisophylla*
Alternaterra maritima	
Blutaparon vermiculare	**Combretaceae**
Philoxerus vermicularis	*Conocarpus erectus*
	Terminalia catappa
Amaryllidaceae	*Terminalia superba*
Scadoxus cinnabarinus	
	Commelinaceae
Anacardiaceae	*Commelina sp.*
Mangifera indica	
	Connaraceae
Annonaceae	*Agelaea pentagyna*
Cleistopholis glauca	*Jollydora duparquetiana*
Cleistopholis patens	
Xylopia aethiopica	**Convulvulaceae**
Xylopia quintasii	*Ipomoea cairica*
	Ipomoea mauritiana
Apocynaceae	*Ipomoae pes-caprae*

Alstonia boonei	
Picralima nitida	**Cyperaceae**
Rauvolfia macrophylla	*Remirea maritima*
Tabernaemontana crassa	
Voacanga africana	**Dichapetalaceae**
	Dichapetalum congensis
Araceae	*Dichapetalum* sp.
Anchomanes diformis	
Culcasia sp.	**Dilleniaceae**
Rhektophyllum cameronense	*Tetracera alnifolia*
	Tetracera podotrichia
Bombacaceae	**Ebenaceae**
Ceiba pentadra	*Diospyros conocarpa*
	Diospyros sp.
Euphorbiaceae	
Alchornea cordifolia	*Canavalia rosa*
Bridelia grandis	*Cesalpinia bonduc*
Dripetes sp.	*Crotalaria retusa*
Macaranga spinosa	*Desmodium scandens*
Picnocoma sp.	*Haplomorsia monophylla*
Phyllanthus discoideus	*Machaerium lunatum*
Spondianthus preussii	*Phaseolus adenanthus*
Uapaca guineensis	*Stylosanthes erecta*
Uapaca heudelotii	*Stylosanthes gracilis*
Uapaca paludosa	
Flacourtiaceae	*Albizia adianthifolia*

Homalium dolicophyllus	*Calpocalyx dinklagei*
Oncoba glauca	*Entada gigas*
	Newtonia griffoniana
Guttifereae	
Allanblakia sp.	
Calophyllum inophyllum	*Dalbergia ecastaphyllum*
Garcinia sp.	*Millettia mannii*
Pentadesma butryaceae	*Penthaclethra macrophylla*
	Phaseolus adenanthus
Icacinaceae	*Pterocarpus soyauxii*
Icacina mannii	
Lavigeria macrocarpa	**Loganiaceae**
Lasianthera africana	*Strychnos angolensis*
	Anthocleista schweinfurthii
Irvingiaceae	
Irvingia gabonensis	**Loranthaceae**
Klainedoxa gabonensis	*Engleria gabonensis*
	Phragmenthera sp.
Lauraceae	
Beilschmiedia sp.	**Malpighiaceae**
	Acridocarpus longifolius
Lecythidaceae	
Napoleonae vogelii	**Malvaceae**
	Hibiscus tiliaceus
Legumineuses	
Afzelia bella	**Marantaceae**
Anthonotha lamprophylla	*Hamannia danckelmanniana*

Berlinia auriculata	**Melastomateaceae**
Berlinia confusa	*Dissotis* sp.
Crudia gabonensis	*Memecylon candidum*
Erythrophleum ivorense	
Leonardoxa africana	**Meliaceae**
Oddoniodendron micrantum	*Carapa procera*
	Rubiaceae
	Bertiera bracteolata
	Bertiera racemosa
Moraceae	*Bertiera subsessilis*
Ficus ovata	*Calva hierm*
Ficus saussureana	*Cuviera longifolia*
Ficus subsagittifolia	*Diodia sarmentosa*
Treculia africana	*Diodia serrulata*
Moraceae	*Geophylla renaris*
Ficus ovata	*Hallea stipulosa*
Ficus saussureana	*Leptactina involucrata*
Ficus subsagittifolia	*Leptctina mannii*
Treculia africana	*Masulata acuminata*
Myristicaceae	*Pavetta* sp.
Pycnanthus angolensis	*Porterandia cladantha*
	Porterandia micrantha
Ochnaceae	*Psychotria calceolata*
Campylospermum flavum	*Psychotria pedoncularis*
Lophira alata	
Ouretea flava	**Rutaceae**

Rabdophyllum calophyllum	*Zanthoxylum gilletii*
	Fagara macrophylla
Olacaceae	*Fagara dinklagei*
Heisteria parvifolia	
Olax latifolia	**Sapindaceae**
Olax subericarpa	*Dodonea viscosa*
Olax triplirira	
Strombosiopsis tetranda	**Sapotaceae**
Ximenia americana	*Manilkara obovata*
	Synsepalum sp.
Orchidaceae	
Bulbophyllum sp.	**Scrophulariaceae**
	Scruphularia dulcis
Palmae	
Nypa fruticans	**Scytopetalaceae**
Raphia hookeri	*Oubanguia* sp.
Cocos nucifera	
Passifloraceae	**Smilacaceae**
Adenia cesalpinoides	*Smilax kraussiana*
Bartera fustilosa	**Sterculiaceae**
Bartera nigritiana	*Cola cauliflora*
Smeathmannia pubescens	*Cola hypochrysea.*
	Leptonychia sp.
Poaceae	*Sterculia* sp.
Paspalum vaginatum	*Sterculia tragacantha*
Polypodiaceae	**Violaceae**

Microsorium punctatum	*Rinorea* sp.
Phymatodes scolopendria	
	Vitaceae
Pteridophitacea	*Cissus glaucophylla*
Acrostichum aureum	
Nephrolepis biserrata	**Vochysiaceae**
	Erismadelphus exul
Rhizophoraceae	
Rhizophora racemosa	**Zingiberaceae**
	Aframomum obvioalacea
Styraceae	
Afrostyrax kamerunensis	
Verbenaceae	
Vitex doniana	
Vitex grandifolia	

III.3.3. Étude qualitative des stations de végétation

Située au Sud de la zone d'étude, la station de Nwode vers Campo est une bande de forêt délimitée d'un côté par la mer et de l'autre par une mangrove qui fait suite à une forêt marécageuse. Sa position par rapport à l'embouchure de la rivière Nwode et la présence d'une zone de reflux d'eau marine entraîne une constitution floristique caractérisée par une proportion réduite des espèces telles que *Terminalia catappa*, *Cuviera longifolia*, *Barteria nigritiana*. Quelques Rubiacées telles que *Bertiera racemosa* et une grande proportion de jeunes *Terminalia catappa* se retrouvent en sous-bois. L'ensemble de la station s'imbrique dans un fourré enveloppant à *Hibiscus tiliaceus.* Sur son prolongement, ce fourré à hibiscus fait place à un autre fourré à *Cesalpinia bonduc* peu dominant et très localisé à cet endroit.

La station d'Etonde-mer est peuplée par de nombreuses espèces herbacées en touffes étriquées avec quelques arbustes, surtout de l'espèce *Terminalia catappa*.

Situées dans une zone périodiquement inondée, les stations d'Étonde Nord et de Mbondo ont leurs côtes bordées par *Manilkara lacera*. Dans l'arrière plan, on aperçoit des Passifloraceae (par exemple l'espèce *Barteria nigritiana*) et des Rubiaceae comme *Cuviera longifolia, Psychotria pedoncularis*.

La station de Mbendji est bordée de *Calophyllum inophyllum* ; mais en plus des espèces communément rencontrées, on note la présence de nombreux jeunes et seulement deux pieds adultes de *Lophira alata* qui caractérisent cette zone de delta. Dans les biotopes périodiquement inondés, on a identifié des spécimens de *Syzygium guineensis* et de *Harungana madagascariensis*.

La station de Likodo se situe sur l'embouchure de la rivière qui porte le même nom ; elle est dominée par l'espèce *Uapaca heudelotii*. Le sous-bois est pauvre en espèces herbacées, mais riche en arbustes. On y distingue les individus des espèces *Carapa procera, Napoleonaea vogelii, Cola hypochrysea, Anthocleista schweinfurthii, Heisteria parvifolia* et *Sterculia tragacantha* qui côtoient ceux du peuplement de *Uapaca heudelotii*. Sur les rives de la rivière Likodo, quelques tiges isolées de *Rhizophora racemosa* et *Raphia palma-pinus* ont été identifiées.

La station du Rocher du Loup abrite une végétation de forêt vierge bordée de *Terminalia catappa* et de *Manilkara obovata*, un sous-bois dense en arbustes (*Sterculia tragacantha, Synsepalum* sp.) et quelques pieds de *Dracaena arborea*. Les arbres de l'espèce *Synsepalum* sp. sont épars mais les canopées se recouvrent.

III.3.4. Étude quantitative des stations de la végétation

La surface terrière de la végétation exprime le recouvrement végétal et correspond à la surface occupée par un individu d'une espèce considérée par unité de surface ; elle varie de 0,0007 à 8,34 m² par hectare de forêt et par espèce entre Lolabé et Campo. Le recouvrement végétal total de l'ensemble des stations (tous individus de toutes les espèces confondues) est de 53,71 m²/ha. Il est dominé par deux types de peuplements :

- des émergents représentés par des individus de gros de diamètre compris entre 70 et 100 cm, comme les espèces *Ceiba pentandra*, *Synsepalum* sp., *Lophira alata* et *Pycnanthus angolensis*,

- des espèces telles *Uapaca heudelotii*, *Xylopia aethiopica*, *Cuviera longifolia*, *Synsepalum* sp., *Manilkara obovata* et *Oddoniodendron micrathum* qui forment des peuplements denses dans certaines stations (Likodo, Rocher du Loup et Mbondo) dont toutes les classes de diamètre sont représentées.

L'ensemble des jeunes pousses et des arbres de toutes les espèces occupe plus de 70 % du recouvrement végétal de la zone d'étude. Le recouvrement végétal total varie par station de prospection. Certaines portions d'une station donnée sont envahies par des clairières de défrichement (Fig. 20).

Fig. 20. Abattage d'un *Manilkara obovata* (essence côtière) pour la pose du pipeline Tchad-Cameroun. Cliché Angoni (2002).

Le recouvrement végétal a également été apprécié par l'estimation de la surface terrière en fonction du diamètre des arbres dans les différentes stations. Les résultats obtenus sont rendus sous forme d'histogrammes. L'allure de ceux-ci permet de reconnaître deux types de forêts.

Dans le premier type de forêt, le sous-bois est peuplé de nombreux arbustes. Les surfaces terrières se répartissent en deux modes ; l'un et l'autre correspondent aux classes de diamètre « 20-30 cm » et « 90-100 cm ». Dans ces portions de forêt atlantique, les arbustes de moins de 10 cm de diamètre sont rares, de plus, les essences intermédiaires c'est-à-dire de diamètre compris entre 50 et 90 cm à Nwode et Etonde nord, 50 et 80 cm à Mbondo, 70 et 90 cm à Mbendji sont absentes. Les espèces qui influencent fortement le recouvrement végétal sont *Lophia alata* à Mbendji et *Pycnanthus angolensis* à Ipeyendjé. A ce groupe s'ajoute la forêt de Likodo où les arbres de diamètre 0-10 cm et 80-90 cm sont absents. Le peuplement végétal est constitué en ce lieu par *Uapaca heudelotii*.

Dans le deuxième type de forêt, le sous-bois est aéré et composé d'un tapis végétal de *Dracaena bruni*. La répartition des surfaces terrières en fonction des classes de diamètre est unimodale. Les arbustes de moins de 10 cm de diamètre sont pratiquement inexistants. Les essences de 90-100 cm de diamètre (mode) contribuent pour une très forte part au recouvrement végétal, car la surface terrière dépasse difficilement 5 m²/ha dans les autres classes de diamètre. Les stations concernées sont Lolabé, Ipeyendjé, Rocher du Loup, Bekolobé 1 et 2 respectivement et, Etondé. La surface terrière totale des individus de toutes les stations toutes les espèces confondues est représentée par la figure 21.

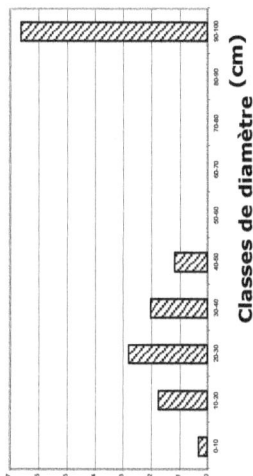

Nwode

Etonde nord

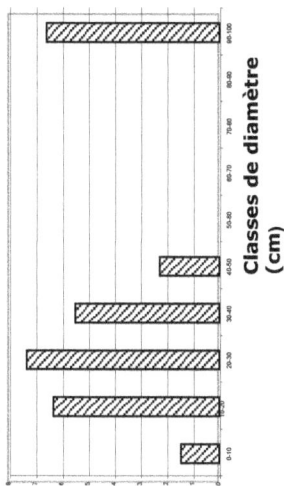

Mbondo

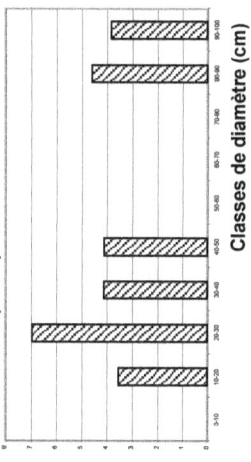

Mbendji

73

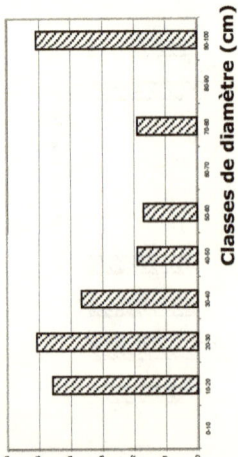

Surface terrière (m²/ha)

Classes de diamètre (cm)

Lolabé

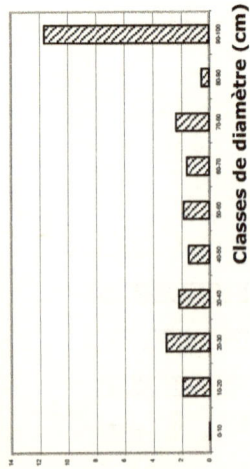

Surface terrière
(m²/ha)

Classes de diamètre (cm)

Likodo

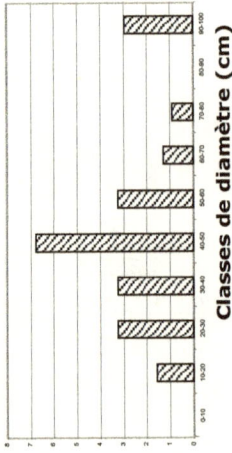

Surface terrière (m²/ha)

Classes de diamètre (cm)

Ipeyendjé.

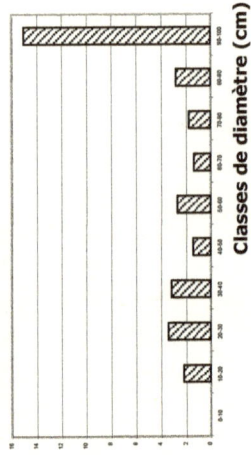

Surface terrière (m²/ha)

Classes de diamètre (cm)

Rocher   du   Loup   Loup.

74

Surface terrière

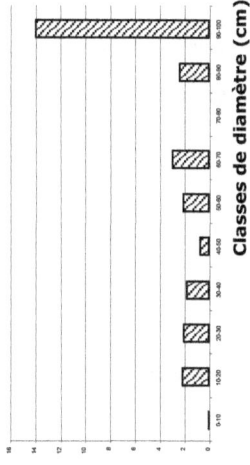

Bekolobe 2.

Surface terrière (m²/ha)

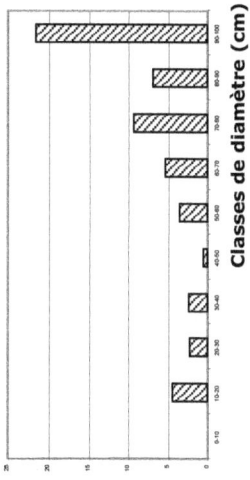

Bekolobe 1.

Surface terrière (m²/ha)

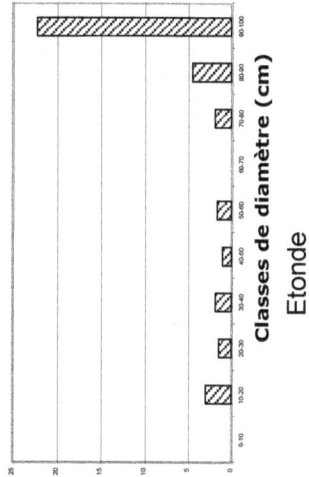

Etonde

Fig. 21. Surface terrière totale des individus de toutes les stations.

75

L'histogramme des surfaces terrières totales de tous les individus en fonction des stations étudiées montre deux pics lorsqu'on va de Kribi Campo. L'un des pics est proche de la zone de Campo, l'autre se situe autour du lieu dit Bekolobe 1 vers Kribi (Fig. 22).

L'analyse du graphique montre que le recouvrement végétal est continu quand on progresse de Kribi vers Campo : aucune station d'étude n'a un recouvrement végétal nul. Cependant, il existe un pôle dominant autour de la station de Bekolobe. La surface terrière moyenne dans l'UTO Campo-Ma'an est de 26,21 m²/ha.

Surface terrière en m²/ha

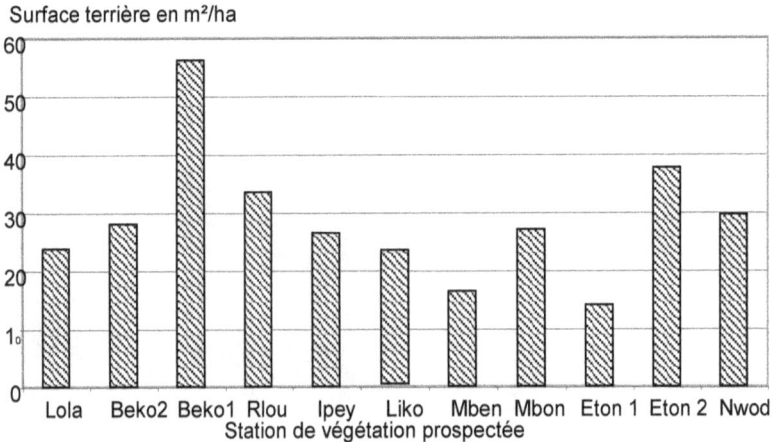

Fig. 22. Surface terrière totale des individus en fonction de la station de la végétation : déplacement dans le sens Kribi-Campo.

Légende : Lola : Lolabé, Beko 2 : Bekolobe 2, Rlou : Rocher Loup ; Ipey : Ipeyendje ; Liko : Likodo ; Mben : Mbendji, Eton 1 : Etonde nord ; Eton 2 : Etonde mer.

Le recouvrement végétal total varie également en fonction de la densité spécifique. En effet, dans l'ensemble des stations et pour ce qui est de la surface terrière totale, les espèces dominantes sont *Uapaca heudelotii* (8,34 m²/ha), *Pycnanthus angolensis* (6,63 m²/ha) et *Lophira alata* (4,48 m²/ha). Le tableau X présente les surfaces totales des espèces dont le pourcentage de recouvrement végétal est supérieur à 1% dans la zone d'étude considérée. On note que la surface totale de tous les individus et toutes les espèces confondus est 53,71 m²/ha.

Tableau X. Liste des espèces végétales en fonction du recouvrement total supérieur à 1 % de l'ensemble des individus de toutes les espèces considérées.

Espèce	Surface terrière totale (m²/ha)	Pourcentage
Dracaena arborea	0,5360	1
Erythrophleum ivorense	0,6415	1,19
Sterculia tragacantha	0,6480	1,21
Terminalia catappa	0,7327	1,36
Ximenia americana	0,7309	1,36
Anthonotha lamprophylla	0,736	1,37
Anthocleista schweinfurthii	0,8287	1,54
Calophyllum inophyllum	0,8691	1,62
Carapa procera	0,8800	1,64
Barteria nigritana	1,1495	2,14
Vitex doniana	1,1742	2,19
Cuviera longiflora	1,6745	3,12
Xylopia aethiopica	2,3178	4,32
Oddoniodendron micranthum	2,6502	4,93
Ceiba pentandra	3,4985	6,51
Manilkara obovata	3,7782	7,03
Synsepalum sp.	4,2996	8

Lophira alata	4,4851	8,35
Pycnanthus angolensis	6,6382	12,36
Uapaca heudelotii	8,3455	15,54

La variation de la surface terrière totale en fonction des classes de diamètre chez les individus ayant les plus grandes surfaces terrières totales dans les différentes stations (Fig. 23, 24 et 25) représentant respectivement *Uapaca heudelotii*, *Pycnanthus angolensis* et *Lophira alata*.

L'espèce *Uapaca heudelotii* apparaît dans toutes les classes de diamètre. L'histogramme fait ressortir deux pics qui correspondent aux classes de diamètre 40-50 cm et 90-100 cm (Fig. 23).

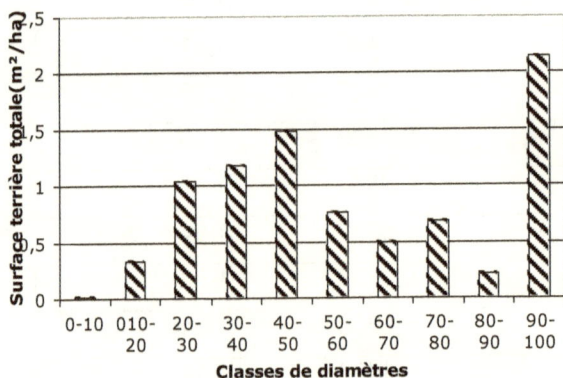

Fig. 23. Surface terrière totale de *Uapaca heudelotii* en fonction des classes de diamètre.

L'espèce *Pycnanthus angolensis* est représentée par quelques rares individus dont le diamètre varie entre 20 et 90 cm ; ceux de la classe 90-100 cm constituent l'unique mode de distribution, c'est-à-dire que la surface terrière totale de l'ensemble de l'espèce est surtout déterminée par des gros individus (Fig. 24).

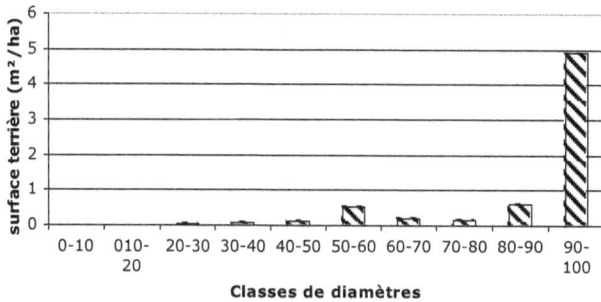

Fig. 24. Surface terrière totale de l'espèce *Pycnanthus angolensis* en fonction des classes de diamètre.

L'histogramme de la surface terrière totale de *Lophira alata* (Fig. 25) se rapproche de celui de l'espèce précédente, à la seule différence qu'on y note une rarification des individus de classes de diamètre 0-10, 50-60, 60-70, 80-90 cm.

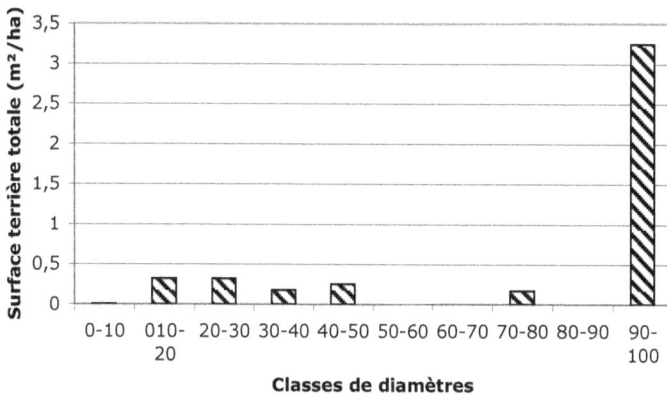

Fig. 25. Surface terrière totale de l'espèce *Lophira alata* en fonction des classes de diamètres.

Dans l'ensemble des stations étudiées, le nombre d'arbustes ou d'arbres à l'hectare est de 616,76. Au total, 77,47 % de la densité relative cumulée concerne les classes de diamètre comprise entre 0-10 et 30-40 cm. L'histogramme de la densité relative (Fig. 36) montre un pic correspondant à la classe de diamètre 10-20 cm ; puis la densité décroît régulièrement jusqu'à la classe de diamètre 90-100 cm.

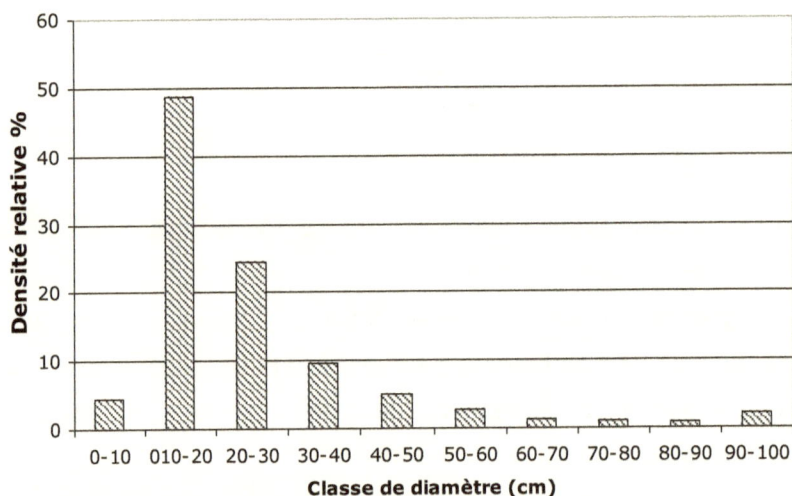

Fig. 26. Densité relative en fonction des classes de diamètres.

L'espèce *Uapaca heudelotii* est abondante dans les stations de Likodo, Mbondo ; elle est également présente dans toutes les autres localités, d'où sa forte densité totale sur l'ensemble des stations (Tableau XI).

Tableau XI. Liste des espèces végétales dont la densité totale est supérieure à 1 % dans la zone d'étude.

Espèce	Nombre d'individus / ha	Pourcentage
Calpocalyx dinklagei	6,18	1,00
Anthocleista schweinfurthii	6,55	1,06
Sterculia tragacantha	6,55	1,06
Irvingia gabonensis	7,64	1,24

Harungana madagascariensis	8,36	1,36
Dichapetalum sp.	9,09	1,47
Syzygium guineense	9,09	1,47
Pycnanthus angolensis	9,45	1,53
Musanga cecropioides	9,82	1,59
Berlinia auriculata	10,91	1,77
Carapa procera	13,45	2,18
Terminalia catappa	15,27	2,48
Berlinia confusa	16,00	2,59
Psychotria peduncularis	17,09	2,77
Calophyllum inophyllum	19,64	3,18
Synsepalum sp.	21,09	3,42
Anthonotha lamprophylla	30,18	4,89
Manilkara obovata	30,18	4,89
Lophira alata	32,00	5,19
Xylopia aethiopica	32,73	5,31
Barteria nigritana	40,73	6,6
Cuviera longiflora	53,82	8,73
Oddoniodendron micranthum	60,00	9,73
Uapaca heudelotii	73,82	12,05

Ainsi, l'Euphorbiaceae (*Uapaca heudelotii*) offre une densité relative de 12,05 %. Les Césalpiniaceae *Oddoniodendron micranthum*, *Anthonotha* lamprophylla, *Berlinia confusa*, *Berlinia auriculata* et *Irvingia gabonensis* quant à eux comptent pour respectivement 9,55 ; 4,8 ; 2,54 ; 1,73 ; 1,27 %. L'Ochnaceae (*Lophira alata*) a une densité de 5,09 %. Ces trois familles sont de ce fait très répandues dans le site de prospection.

L'étude botanique révèle que les espèces propices à la stabilisation des écosystèmes côtiers et marins sont menacées par diverses déforestations pour les pratiques agricoles et l'urbanisation. Il ne subsiste que des espèces communes à toute la forêt équatoriale moins adaptées aux embruns maritimes.

III.4. TYPES DE POLLUTION

La réduction de la fréquentation d'une plage peut être due, entre autres causes, à l'encombrement de celle-ci ou à sa pollution. Il a été envisagé d'étudier ces deux aspects au cours du présent travail.

III.4.1 Encombrement des plages par des grumes

Le nombre total de grumes échouées sur les plages entre Campo et la Lobé est de 322, tandis que 85 autres sont regroupées dans les embouchures des rivières Bouandjo, Likodo à Ebodjé et Loyengué à Lolabé. L'orientation de ces troncs d'arbres localisés sur la plage est variable, mais, 75 % sont disposés parallèlement au front de mer (Fig. 27). Sur les différentes plages prospectées, le taux d'encombrement se situe entre 0,04 et 0,37 %.

En allant du Sud au Nord, la section de la côte située entre Campo et Itondé a le taux d'encombrement le plus bas, tandis que la valeur la plus élevée 0,37 % revient aux plages de la section Ipeyendjé et Lolabé (Fig. 28).

Fig. 27. Disposition des bille de bois sur la plage de l'UTO Campo-Ma'an. Cliché Fretey (2000).

III.4.2. Indices de pollution marine

La répartition des déchets varie d'une localité à une autre. Les bouteilles plastiques forment les déchets les plus nombreux ; elles représentent 59 % des déchets totaux récoltés le long de la côte de l'UTO Campo-Ma'an. On constate que la pollution par des éléments plastiques prédomine sur l'ensemble des plages puisque 84,5 % des déchets récoltés sont de cette matière (Tableau XII).

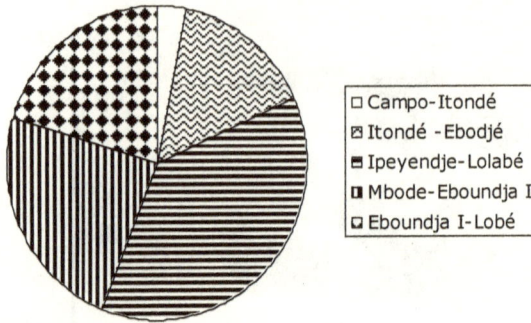

Légende:
- □ Campo-Itondé
- ▨ Itondé -Ebodjé
- ▤ Ipeyendje-Lolabé
- ◧ Mbode-Eboundja I
- ▨ Eboundja I-Lobé

Fig. 28. Taux d'encombrement des plages de la côte de l'UTO Campo-Ma'an par des grumes.

Tableau XII. Nombre et nature des déchets sur les plages prospectées.

Paramètres/Zones d'études	Bouteilles plastiques	Autres déchets plastiques	Déchets métalliques	Déchets non plastiques et non métalliques	Total
Campo – Itondé	28	12	5	32	77
Itondé – Ebodjé	45	21	4	10	80
Ipeyendjé – Lolabé	117	56	8	20	201
Mbodé – Eboundja	46	7	0	1	54
Eboundja – Lobé	98	48	1	7	154
Total (Campo – Lobé)	334	144	18	70	566

Les objets métalliques n'en représentent que pour 3,2 %. Il s'agit essentiellement de bombes aérosols qui sont particulièrement polluantes. Tous ces déchets récoltés proviennent d'une pollution domestique très marquée dans les sections Ipeyendjé et Lolabé. Il n'y a aucun cours d'eau important dans cette zone qui puisse dévier les saletés plus loin.

De nombreux déchets récoltés sont tâchés d'hydrocarbures. En effet, ces substances sont compactes, très dures, d'aspect rugueux, de couleur noire et mat. Ces caractéristiques font penser au pétrole brut. La proportion de déchets ayant des traces de goudron est de 18 % pour l'ensemble du domaine d'étude. La section de la côte située entre Campo et Itondé n'est que peu touchée par ce type de pollution contrairement aux secteurs Ipeyendjé-Lolabé et Eboundja-Lobé qui sont plus affectés, même par tous les types de pollution (Fig. 29).

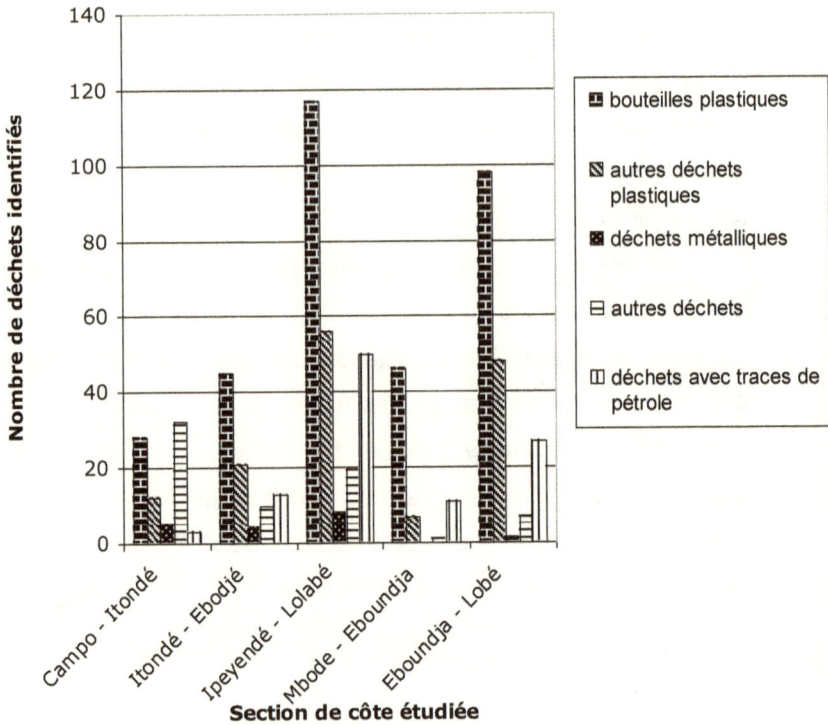

Fig. 39. Répartition des types de déchets en fonction de la plage.

Chapitre IV. DISCUSSION

IV.1. Biologie de reproduction des tortues marines au Cameroun en rapport avec la façade atlantique d'Afrique

La tortue luth (*Dermochelys coricea*) et la tortue olivâtre (*Lepidochelys olivacea*) nidifient pratiquememt toute l'année sur les côtes de l'UTO Campo-Ma'an avec un pic en décembre. Fretey (1999) aussi délimitait déjà cette période de ponte d'octobre à décembre avec un pic entre novembre–décembre.

On a noté que la tortue olivâtre (*L. olivacea*) fréquente plus les plages de l'UTO Campo-Ma'an que la tortue luth (*D. coriacea*), ces résultats confirment les observations antérieures rapportées par Fretey (1998).

Cette fréquentation des plages par des tortues marines varie d'une année à une autre et dépend de la sélection du site de ponte. Ainsi, au cours de la saison 1998/1999, Fretey (1999) indique que de Mbendji à Bekolobé les montées sur les plages par ces chéloniens étaient peu nonbreuses. Chatelard & Roudgé (1994, cit. Fretey 1998) signalent la présence de jeunes individus de *Chelonia mydas* en mer à Bibamboué, Ngoé et Kribi, et pensent que quelques adultes y vivent aussi. La nidification de cette espèce est très sporadique au Cameroun et marginale au regard de sa forte fréquentation des sites équato-guinéens en particulier à Bioko. Au cours de cette étude, des spécimens de tortues vertes (*Chelonia mydas*) ont été généralement observés en mer. Les jeunes individus également ont été pris aux filets des pêcheurs, mais rien ne permet d'affirmer pour l'heure que cette espèce pond ses œufs sur les côtes de l'UTO Campo-Ma'an.

Des tortues imbriquées (*Eretmochelys imbricata*) ont été rencontrées en mer, et parfois ont été capturées aux filets des pêcheurs, mais les femelles ne pondent pas sur les plages de l'UTO Campo-Ma'an.

Fretey (1998) a noté la présence de *E. imbricata* dans la région de Londji où des individus de petite taille ont été capturés.

Sur la façade atlantique africaine, les sites de ponte des chéloniens marins varient en fonction des espèces. Ainsi, les tortues olivâtres (*Lepidochelys olivacea*) pondent au Cameroun, en Guinée Equatoriale Mba et al. (1998); Formia (1999), sur l'Ile de Bioko (Castroviejo et al., 1994), à Sao Tomé et au Gabon mais, leur nidification est mal connue en République Démocratique du Congo Fretey (2001).

Les périodes de ponte ne sont pas les mêmes. En outre, le pic de ponte se situe en décembre au Cameroun, en janvier à Bioko en Guinée et en septembre-octobre au Gabon Maloueki (1996).

De l'analyse biométrique de *L. olivacea*, on a observé que la taille moyenne des adultes est de 67,5 cm. Cette moyenne est petite pour cette population de la côte camerounaise par rapport à celle de Sao Tomé et Principé pour laquelle Fretey et al. (2001) indiquent des valeurs moyennes (et étendues) respectives de 70,12 cm (62-80) ; elle est par ailleurs voisine de celles de 1563 femelles de la plage d'Escobilla au Mexique et de 500 autres femelles mesurées au Surinam pour lesquelles Bjorndal & Zug, (1995) rapportent respectivement les valeurs suivantes : 65,2 cm (57-72,5) et 68,5 cm (63-75).

Les tortues luth (*D. coriacea*) pondent en Guinée Equatoriale à Rio Campo Mba & *al.*, (1998), à Corisco Formia (1999) et à Bioko Garcia, (1996). Elles pondent régulièrement à Sao Tomé Graff (1995). Le Gabon est un site privilégié de nidification pour les tortues luth Fretey (2001).

Au Cameroun, on a constaté que les pontes de cette espèce sont peu nombreuses. Ce résultat serait lié au fait que *D. coriacea* souffrirait plus que les autres espèces, d'une pression de braconnage forte (Fig. 30) qui réduirait le nombre de tortues adultes sur les côtes.

Fig. 40. Tortue luth capturée et tuée sur une plage de ponte d'Ebodjé. Cliché Angoni (1999)

Peu de tortues vertes (*Chelonia mydas*) adultes ont été aperçues sur les côtes de l'UTO Campo-Ma'an; de plus, la longueur moyenne de la courbe de la dossière des individus mesurés était de 50,9 cm, elle est plus petite que celle des populations :

-       de Guinée Equatoriale, soit 99,5 cm en 1996/1997 et 100,79 cm en 1997/1998 Fretey (2001) ;

-   du Gabon (soit 83,05 cm) où peu d'immatures sont connus Sounguet & Christy (1997).

Les pontes de cette espèce non encore observées sur la côte de l'UTO Campo-Ma'an sont pourtant :

-   bien connues à Rio en Guinée Equatoriale, et même très répandues sur les sites de Bioko dans ce même pays ;

-   effectuées de septembre à janvier à Sao Tomé et Principé Loveridge et William (1957) ;

-   signalées au Gabon Fretey & Girardin (1989) ;

- soupçonnées en République Démocratique du Congo (ex-Zaïre) Gawler. & Agardy (1994).

Quant à la tortue imbriquée (*Eretmochelys imbricata*), on rencontre des jeunes individus mais rarement des adultes sur les côtes rocheuses camerounaises le long de l'année. Leur taille moyenne est de 46,16 cm, donc plus petite que celles 78,33 cm en 1996/1997 et 84 cm en 1997/1998 rapportées en Guinée Equatoriale Fretey (2001). Les jeunes individus sont également capturés en pleine mer Castroviejo et *al.* (1994).

Parlant des sites de ponte de *E. imbricata*, aucun n'a été identifié au Cameroun ; ils sont plutôt repérés au Gabon, à Corisco en Guinée Equatoriale et à Sao Tomé Fretey (2001)

IV.2. Relation entre les tortues marines et la flore marine

La tortue imbriquée (*E. imbricata*) se nourrissant d'algues et des plantes marines est herbivore comme la tortue verte (*C. mydas*) (Bjorndal & Zug (1995) ; Formia (2002). En effet, Bjorndal et Zug (1995) rapportent que dans le contenu stomacal de quelques individus *C. mydas* capturés sur la côte de l'UTO Campo-Ma'an, les espèces d'algues suivantes ont été identifiées : *Bostrychia* sp., *Caulerpa* sp., *Enteromopha* sp., *Sargassum* sp., *Chaetomorpha* sp.. Ces espèces citées font bien partie de la flore très diversifiée (11 familles, 11 genres et 19 espèces) qu'on a observée sur les rochers des plages de la zone d'étude.

L'existence d'une telle flore et la présence de jeunes individus des deux espèces de tortues sus-mentionnées autour des rochers au courant de l'année, alors qu'elles ne nidifient pas sur les côtes de l'UTO Campo-Ma'an, indique que le site zone d'étude est une aire d'alimentation propice pour ces animaux. Mais la forte réduction du nombre d'adultes en ces lieux semble liée à un phénomène migratoire qui les entrainerait vers les sites de ponte insulaires voisins tels que Bioko, Principe, Sao Tomé Fretey (2001).

Les résultats montrent que, *Lepidochelys olivacea* est l'espèce de tortue qui pond le plus fréquemment sur les côtes de l'UTO Campo Ma'an. Quelques jeunes spécimens ont également été capturés dans les filets des pêcheurs. Leur présence même en quantité faible témoigne d'une existence pour eux d'une aire probable de croissance sur les côtes de l'UTO Campo-Ma'an, qui n'a jamais été observée dans l'Atlantique (Fretey, 1998),

La littérature concernant la biologie des tortues marines souligne que ces animaux effectuent des migrations. On sait par exemple que l'espèce *Dermochelys coriacea* peut se déplacer sur plus de 5000 km. Cinq spécimens sur six bagués en Guyanne ont été recapturés au Ghana, au Mexique, au golfe du Venezuela, au Texas et au New Jersey. De même Meylan (1995) rapporte que les individus de *Chelonia mydas* marqués dans plusieurs localités dans l'Océan Indien ont été repris à Madagascar et au Mozambique soit à 320 et 1400 km plus loin.

Quant à *Lepidochelys olivacea*, un animal bagué au Surinam a été repris 23 jours après à 1900 km du lieu de relâchage, soit une vitesse moyenne de nage de 82 km/ jour Meylan (1995).

Dans une aire d'alimentation, différentes populations d'une même espèce peuvent coexister, mais, elles se séparent ensuite et migrent chacune vers son site de ponte. Les marquages de *C. mydas* ont mis en évidence ces déplacements périodiques entre les sites de ponte et d'alimentation (Meylan, 1995).

Des résultats acquis au cours de cette étude, on peut penser que *C. mydas* et *E. imbricata*, pondent au Gabon, en Guinée Equatoriale et à Sao Tomé et Principé et leurs jeunes s'observent sur les côtes de l'UTO Campo-Ma'an. Les jeunes migrent ou sont emportés par des courants marins vers les aires d'alimentation et de croissance situées au Cameroun. Les déplacements de *L. olivacea* et *D. coriacea* sont encore difficiles à définir.

IV.3. Relation entre les tortues marines et la végétation des plages

Les facteurs écologiques propres au milieu côtier donnent à la végétation côtière une originalité par rapport à celle de la terre ferme. Cette originalité se traduit par une relative indépendance vis-à-vis du climat général (Schnell, 1971).

La végétation des plages, essentiellement constituée de la strate moyenne et de jeunes individus, reste peu développée sur la côte de l'UTO Campo-Ma'an. Cette donnée confirme les résultats de Duncan & Jane (1993). La forêt atlantique décrite par Letouzey (1968) est riche en *Lophira alata* et *Saccoglottis gabonensis*, et se différencie en un cordon littoral le long de la plage de sable. Sur les rives du Ntem, elle est associée à une importante mangrove. Les formations herbacées et arbustives décrites sur la côte de l'UTO Campo-Ma'an poussent également sur la terre ferme de l'estuaire du Wouri à Douala Ndongo (1993).

Les conditions propices pour la protection des tortues marines observées en milieu naturel sont Bjorndal & Zug (1995):

- la réduction de l'urbanisation des plages, dont la végétation permet de stabiliser la bande côtière,

- la disposition sur le haut de plage de la fraction grossière (sable et galets de vase) qui indique une évolution de la côte commandée par le va-et-vient du jet de rive et de la nappe de retrait, processus auquel les Anglo-saxons réservent l'expression de « *beach drifting* » pour le distinguer de la dérive littorale proprement dite « *longshore drift* », les effets se limitant au niveau de l'avant-plage (Frederic, 1985). Selon

Chouldhury et al. (2003), cette action est régulée par la végétation qui retient du sable par ses racines et les herbacées réduisent la vitesse du vent conduisant à un dépôt de sable. L'érosion observée sur la côte de Campo-Ma'an par Folack. & Nkwanyuo (1999) est causée par la déforestation massive Anonyme (1999). Bustard & Greenham (1968), cit. Bjorndal & Zug (1995) rapportent également que la présence de la végétation influence le choix du site de ponte. Elle entretient une température du sol qui fait varier le sex-ratio des œufs des tortues marines Reichart (1993).

IV.4. Rapport entre les tortues marines et la pollution marine

L'étude montre que la pollution et les différents obstacles rencontrés sur les plages résultent essentiellement de l'activité anthropique. Les billes de bois échouées sur les côtes constituent des entraves pour la montée des tortues marines femelles sur les plages pour y déposer leurs œufs.

En Indonésie, Reichart (1993) estime à 21 % les insuccès à la nidification de ces animaux, qui sont attribués à l'inaccessibilité des plages due notamment à la présence en ces endroits des débris de bois. Même après la ponte, les tortues peuvent en raison de ces obstacles divers, se retrouver coincées entre la mer et la végétation ; elles finissent par mourir suite à une dessication à l'approche de la journée.

Si le plastique représente la principale matière des déchets récoltés sur les côtes, des goudronsont été également observés. Des débris plastiques ont été retrouvés dans le tube digestif des tortues marines (Reichart, 1993). La présence des hydrocarbures sur la côte camerounaise a aussi été signalée par Atangana Etémé (1996). Fretey (1998) rapporte l'observation dans la zone d'étude des tortues enduites de ces substances. De tels animaux meurent par asphyxie (anonyme, 1999).

Dans le cadre de cette étude, on peut penser que les fuites d'hydrocarbures des installations pétrolières offshores (Fig. 31) peuvent mettre en péril les sites d'alimentation et de ponte des tortues marines. Ce processus serait déjà en marche puisqu'on a relevé par exemple que Ipeyendjé est le meilleur site de nidification des tortues marines, mais malheureusement aussi celui qui subit la plus forte pression de pollution par des déchets de toutes sortes.

Fig. 31. Une tortue verte (*Chelonia mydas*) face à la barge du Pipeline à Kribi. Cliché Angoni (2003)

Chapitre V. CONCLUSION ET RECOMMANDATIONS DE L'ÉTUDE

V.1. Conclusion

Les prospections botaniques, l'inventaire des types de pollution, le suivi quotidien des plages de l'UTO Campo-Ma'an, l'inventaire des tortues marines, l'étude de mouvements et les récoltes sur les prairies rocheuses montrent que les côtes de l'UTO Campo-Ma'an, bien qu'en partie touchées par les effets de l'urbanisation, recèlent encore d'énormes potentialités.

- Tortues Marines

On retrouve régulièrement cinq espèces de tortues marines dont trois vivent non loin des côtes : la tortue verte (*Chelonia mydas*), la tortue imbriquée (*Eretmochelys imbricata*) et la caouanne (*Caretta caretta*). Elles sont capturées accidentellement par les pêcheurs. Leurs populations sont en majorité composées des jeunes de deux à sept ans d'âge. Ces espèces ne pondent pas sur la côte de l'UTO Campo-Ma'an. Les tortues juvéniles de *Chelonia mydas* et *Eretmochelys imbricata* sont fréquents sur les herbiers marins de l'UTO Campo-Ma'an, riches en algues. Les algues sont consommées par ces deux espèces. L'espèce *Caretta caretta* est rare sur la zone d'étude. En effet, elle n'a été observée qu'une seule fois en trois années de suivi.

La tortue olivâtre (*Lepidochelys olivacea*) et la tortue luth (*Dermochelys coriacea*) pondent sur les plages de l'UTO Campo-Ma'an. La fréquence de *Lepidochelys olivacea* sur ces côtes est plus importante que celle de *Dermochelys coriacea*. Seules les femelles adultes de ces deux espèces ont été observées sur les plages de ponte. Les plages d'Ipeyendjé, Bekolobé et Beyo sont les plus sollicitées pour la ponte à cause de leur relative isolation.

- Végétation

La végétation de la bande côtière est jeune, en pleine reconstitution, mais soumise à une pression d'urbanisation et à une déforestation de plus en plus grandissante. Entre Mbendji et Lolabé, cette bordure côtière est riche en espèces végétales adaptées à ce milieu et donc pouvant assurer une stabilité des plages contre l'érosion. Celles-ci forment un écran contre les lumières artificielles qui désorientent les tortues marines.

- Pollution

Cette étude montre que la côte de l'UTO Campo-Ma'an est surtout polluée par des déchets plastiques et un peu moins par des hydrocarbures. La persistance des aires d'alimentation laisse peut-être penser que le seuil critique n'est pas encore atteint. Le délai dans lequel la situation pourrait devenir grave n'est pas connu, car les hydrocarbures affectent les tortues marines soit directement (enduit de ces animaux par une couche d'hydrocarbure qui les axphyxie), soit indirectement (le pétrole détruit les herbiers marins dont dépendent ces chéloniens).

Il devient donc urgent de prévenir la disparition des tortues marines sur les côtes de l'UTO Campo-Ma'an par des actions concrètes de conservation. Cette conservation vise leur protection dans leurs différents habitats (d'alimentation, de repos, de reproduction et de ponte). Elle requiert également le renforcement de la législation et l'implication des populations locales, car la gestion durable des ressources côtières pose le problème crucial de l'utilisation de ces dernières par les riverains. En effet, ces populations humaines développent des activités qui conduisent à la déforestation au profit de l'urbanisation, l'agriculture, les activités de pêche parfois de faible rendement qui contribuent à la dégradation de la côte. Les approches de protection préconisées doivent donc permettre durablement l'atténuation des effets négatifs sur les tortues marines.

V.2. Recommandations de l'étude

La conservation « in situ » paraît indiquée. Ce terme désigne une conservation en milieu naturel, dans l'habitat de l'espèce considérée Watson et al. (1995). Ce travail montre que les plages situées entre Mbendji et Bekolobé et surtout celle d'Ipeyendjé sont propices à la nidification des tortues marines, et possèdent un recouvrement végétal qui assure une stabilisation de la ligne côtière. Les différents processus qui conduisent à la dégradation des côtes (activités agricoles, pollution, encombrement des plages par des grumes) y sont encore négligeables et la densité de la population villageoise reste faible. Seul le village d'Ebodjé dispose d'une population d'environ 600 habitants.

Dans l'UTO Campo-Ma'an, la connaissance des tortues marines pour ce qui concerne les sites de ponte, les saisons, les fréquences de ponte, les aires d'alimentation et de croissance progresse. La sensibilisation des populations évolue et autorise de préconiser la protection des habitats littoraux et halieutiques par la création d'un parc marin.

Les limites proposées pour ce parc marin qu'on situerait autour du lieu-dit Rocher du Loup et qu'on appelerait « parc d'Elombo » sont (Fig.32):

- à l'Ouest, une ligne virtuelle océanique située à trois miles (environ 5 km) marins du trait de côte. Cette limite correspond à celles des pêcheries industrielles ;

- au Nord, la rivière Nlende Dibé ;

- au Sud, la rivière d'Itondé Mer ;

- une partie terrestre située à l'Est de la ligne du domaine public maritime comprenant comme limite Sud la rivière Itondé Nigérian, comme limite Est la route Kribi-Campo, et limite nord la rivière Melabé ;

- une partie terrestre située à l'Est de la ligne du domaine public maritime jusqu'à la route Kribi-Campo ;

Cette délimitation englobe les zones suivantes :

- les plaines rocheuses qui engendrent une production primaire à la base d'une grande diversité et une forte densité de la faune ichtyologique et des Crustacés. Les "espèces phares" de cette région littorale sont incontestablement les tortues marines ;

- la forêt biafréenne de basse altitude qui se différencie en un cordon littoral sur une bande côtière d'une largeur variant de 50 à 100 m ;

- les trois lieux sacrés des Iyassa : la forêt sacrée de Mbondo (entre Bouandjo et Itondé Mer) où avaient lieu autrefois toutes les grandes réunions du village ; Ilalemoto (ou "la pierre qui a la forme d'un homme"), la tombe de Enongo Amakongo à Ipenyendje ; Ilombo ("Rocher du Loup") qui serait un site imprégné de forces occultes.

A Ebodjé, un comité de tourisme existe déjà et agit comme une ONG qui contrôle les retombées économiques provenant de la préservation de l'environnement. Il met à la disposition des touristes désireux des guides qui présentent les diverses attractions du village et de l'environnement côtier. Les agglomérations à l'intérieur du parc marin proposé se constituent en des éco-villages, capables d'accueillir des touristes et d'assurer la mise en valeur des forêts et autres lieux sacrés par des récits et des mythes qui entourent ces milieux.

La sensibilisation des populations villageoises et essentiellement des pêcheurs est une priorité dans ce genre d'entreprise. C'est grâce à elles, en effet, que peuvent être mises en cause toutes les mesures de conservation qui sont préconisées.

Au niveau national et sur le plan juridique, la politique environnementale du Cameroun consiste en partie à envoyer les représentants dans les différents forums internationaux portant sur le maintien du développement durable de la biodiversité. Certaines conventions sur les domaines côtiers et maritimes ont aussi été ratifiées, d'autres sont en voie de l'être; il s'agit de la convention pour la protection des zones humides (RAMSAR) et de celle sur les catastrophes maritimes (MARPOL).

Parlant de la protection proprement dite, la législation camerounaise souligne que la zone côtière, c'est-à-dire celle allant des plages de sable jusqu'à 50 m au-delà des hautes marées est une propriété d'Etat, selon le Régime foncier domanial du Cameroun (1974). Mais en raison du rythme accéléré d'occupation de la côte par des structures « pieds dans l'eau », leslimites de la zone côtière doivent être étendue à 100 m au-delà de la limite des hautes marées pour éviter les conflits avec les populations riveraines.

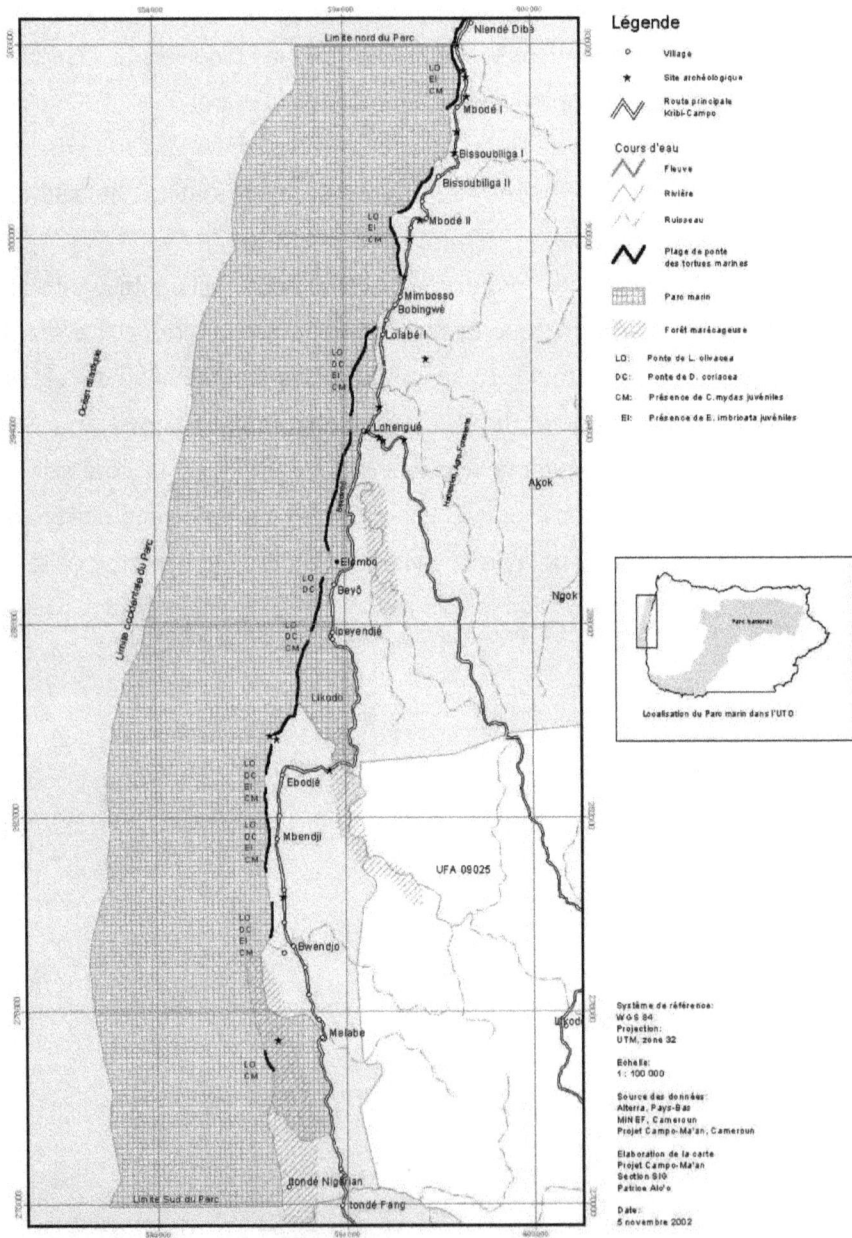

Fig. 32. Proposition de création du parc marin en projet.

Les tortues marines sont protégées par l'arrêté n°1954/A/MINTOUR/DFAP/SC du 16 décembre 1991 qui dresse la liste des espèces animales des classes A (espèces intégralement protégées) et B (espèces partiellement protégées, pouvant être chassées, capturées ou abattues après obtention d'un permis approprié), et C (autres espèces dont l'abattage est réglementé).

En rappel, dans la classe B, il est noté la rubrique : « Grandes tortues ... Cheloniidae » où on peut déduire que la capture et l'abattage d'individus des espèces *Lepidochelys olivacea*, *Chelonia mydas*, *Caretta caretta* et *Eretmochelys imbricata* nécessite la détention d'un permis approprié, tandis que *Dermochelys coriacea* ne bénéficie que d'une protection de la classe C (abattage réglementé). L'interprétation de ce texte, surtout la rubrique concernant les grandes tortues Cheloniidae, peut être dommageable surtout pour l'espèce *Dermochelys coriacea*. En effet, de cet arrêté, on retient que seules les espèces *Lepidochelys olivacea*, *Chelonia mydas*, *Caretta caretta* et *Eretmochelys imbricata* qui appartiennent à la classe B nécessitent un permis approprié pour la capture et l'abattage, alors que l'abattage de *D. coriacea* qui fait partie de la classe C est simplement reglémenté.

Ce texte devrait être amélioré. Dans le prolongement de la Conférence des Nations Unies pour l'Environnement et le développement (CNUED) tenue en juin 1992, les Chefs d'Etats d'Afrique Centrale réunis à Yaoundé en l'an 2000 ont proclamé leur attachement au principe de conservation de la biodiversité et de la gestion durable des écosystèmes forestiers de la région. Un texte législatif approprié devrait être rédigé spécifiquement pour la protection des tortues marines qui ignorent les frontières internationales. Il conviendrait d'expliquer les déplacements océaniques de ces animaux aux populations locales, qui, trop souvent, estiment avoir des droits sur ces ressources de manière illimitée.

BIBLIOGRAPHIE

Ambassa Kiki T. M. (1993). *Biological and socio-economic characterization of the humid forest zone of Cameroon*. Proceeding of the national symposium of Cameroon. 154 p.

Anonyme (1954). Loi n° 1954/A/MINTOUR/DFAP/SC fixant la liste des animaux des classes A, B et C.et la répartition des espèces animales dont l'abattage est autorisé en groupe ainsi que les lattitudes d'abattagepar type de permis de chasse. Ministère du Tourisme.

Anonyme (1994). Loi n° 94/01 du 20 janvier 1994 portant Régime des forêts, de la faune et de la pêche. Ministère de l'Environnement et des Forêts.

Anonyme (1995). Décret N° 95/531/PM du 23 août 1995 fixant les modalités d'application du régime des forêts. Ministère de l'Environnement et des Forêts.

Anonyme (1996). Loi n° 96/12 du 5 août 1996 poratnt loi-cadre relative à la gestion de l'environnement. Ministère de l'Environnement et des Forêts. 55 p.

Anonyme (1999a). Profil côtier du Cameroun.MINEF. 102 p.

Anonyme (1999b). Arrêté N° 1999/054/PM du 6 août portant la création de l'UTO Campo-Ma'an. Ministère de l'environnement et des forêts.

Anonyme (2000a). IUCN Red list of threatened species. IUCN Convention Monitoring Center, Cambridge, Royaume Uni. 27 p.

Anonyme (2000b). Décret N° 2000/004/PM du 6 janvier 2000 portant création du Parc National de Campo-Ma'an. Ministère de l'environnement et des forêts.

Anonyme (2001). *Les communautés des arrondissements de Campo et de Ma'an*. Rapport du projet Campo-Ma'an. Ere Développement. 136 p.

Atangana Etémé R. (1996). *Biogéographie des écosystèmes côtiers et marins*. Rapport Plan National de Gestion de l'Environnement. 34 p.

Atangana Etémé R. (2000). *Exploration de la côte dans la zone Campo-Ebodjé-Ipeyendje*. Rapport du projet Campo-M'an. 15 p.

Ayissi I. (2000). *Projet d'un Ecotourisme 'Tortues marines' dans la région d'Ebodjé (Unité Technique Opérationnelle de Campo-Ma'an)*. Mémoire DESS, Université de Yaoundé I. 57 p.

Bjorndal, K. A & Zug G. R. (1995) Growth and age of sea turtle *in Biology and conservation of sea turtles*. Revised ed. Bjorndal K. A. (ed), p 599-600 *Proceeding of the World conference on sea turtle conservation:* Washington D.C., 26-30 Novembre 1979. Smithosian institution press, 615 p.

Blanc C. P. (1992). *Biodiversité des forêts tropicales. Rapport du Projet Campo-Ma'an*. 8 p.

Castroviejo J., Juste J.,Pérez del Val J., Castel R. & Gil R. (1994). *Density and status of sea turtle species in the Gulf of Guinea islands*. Biodiversity and conservation 3: 828-836.

Chouldhury B. C., Panday B., Tripathy B, & Andrews H. V. (2003). *Sea turtle conservation: Eco (turtle) friendly coastal development*. AGOI-UNDP Project manual. *Center for herpetology, India*. 52 p.

Djama T. (1994). *Analyse des écosystèmes marins et côtiers de la Province du Sud.* Rapport de l'Institut de Recherche Halieutique de Limbé. 29 p.

Dounias E. (1993). *Dynamique et gestion différentielle des systèmes de production à dominance agricole des Mvae du Sud-Cameroun forestier.* Thèse de Doctorat, Université de Montpellier II. 472 p + annexes.

Duncan T. & Jane T. (1993). *Botanical and ecological survey of the Campo-Ma'an area.* Campo-Ma'an projet report. 165 p.

Durand J. R. & Lévêque C. (1981). *Flore et faune aquatique de l'Afrique Sahélo-soudanienne.* Mémoire ORSTOM. 153 p.

Edwards A. E. (1994). *Field method for the conservation of African forest and animal.* Wildlife Conservation Society. 193 p.

Folack J. & Nkwanyuo E. J. (1999). *Problem of coastal erosion.* Repport from Environment and Ressource Protection. 2 p.

Formia A. (1999). Les tortues marines de la baie de Corisco. Canopée, 14 : i-ii.

Formia A. (2002). *Population and genetic structure of the green turtle (Chelonia mydas) in west and central Africa ; Implication for management and conservation.* Thesis of phylosophy; School of Biosciences, Cardiff University. 288 p.

Frazier G. J. (1999). Conservation par les communautés locales in *Research and management technics of the conservation of sea turtles*; Karen L. Eckert, Bjorndal K. A., Grobois F. Alberto Abreu, Donnelly Marydele (ed.) IUCN/SSC: Marines turtles specialist group: 103-130.

Frederic B. (1985). *Contribution à l'étude de l'environnement et de la dynamique des mangroves de Guinée : Données de terrain et apport de la télédetection.* Thèse de doctorat, Université de Lille. 201 p.

Fretey J. (1998). *Statut des tortues marines en Afrique Centrale-Afrique de l'Ouest. 5- Le Cameroun.* Rapport UICN. 152 p.

Fretey J. (1999). *Suivi et conservation des tortues marines dans la réserve de Campo-Ma'an.* Rapport du projet Campo-Ma'an. 40 p.

Fretey J. (2001). *Biogéographie et conservation des tortues marines de la côte atlantique d'Afrique.* CMS Technical series publication. No 6. 428 p.

Fretey J. & Angoni H. (2001). *Proposition du parc marin au sein de l'UTO Campo-Ma'an.* Rapport du Projet Campo-Ma'an. 15 p.

Fretey J., Dontaine J. F. & Billes A. (2001). Tortues marines de la façade atlantique de l'Afrique, genre Lepidochelys. 2. Suivi et conservation de *L. olivacea* (Eschscholtz, 1829) (Cheloni, Chelonidae) à Sao Tomé et Principe. Bull Soc. Herp. Fr. 98: 43-56.

Fretey & Girardin (1989). Données préliminaires sur les tortues marines au Gabon. C. R. *Soc. Biogéogr.* 65(1) : 39-57.

Garcia J. E. (1996). Conservation des tortues marines sur l'île de Bioko, en Guinée Equatoriale. *Canopée* 8 : 7.

Gawler M. & Agardy T. (1994). Developing WWF priorities for marines conservation in the Africa and Madagascar Region. *WWF Africa and Madagascar Subcomm. and WWF Marine Advisory Group,* 67 p.

Graff D. (1995). Summary of an initial nesting and hunting Survey of the marine turtles of Sao Tomé. *Mimeogr.*

Kamga K. S. L. (2000). *Analyse des possibilités de réalisation du concept de tourisme écologique dans les aires protégées au Cameroun: le cas du parc national de Campo-ma'an.* Rapport détudes du Projet Campo-ma'an. 29 p.

Letouzey R. (1968). Etude phytogéographique du Cameroun. *Édition Paul Lechevalier,* Paris. 511 p.

Loveridge A. & William E.E. (1957). Revision of the African tortoises and turtles of suborder Cryptodira. *Bull. museum* 115 (6) : 163-557.

Maloueki L. (1996). *Etude des tortues marines dans la réserve de faune de Conkouati et ses alentours.* Rapport final Projet Conkouati, miméogr., non paginé.

Mba Mba Aetebe J., Nguema J., et Garcia J. E. (1998). Etude et la conservation des tortues marines sur le littoral de la partie continentale de la Guinée Equatoriale. *Canopée* 12 : *suppl.* iii-iv.

Meylan A. (1995). Sea turtle migration-evidence from tag returns p 91-100: *in Biology and conservation of sea turtles.* Revised ed. Bjorndal K. A. (ed.).

Mortimer J. A. (1995a). Factors influencing beach selection by nesting sea turtle: *in: Biology and conservation of sea turtles.* Revised ed. Bjorndal K. A. (ed.). p. 45-51.

Mortimer J. A. (1995b). Feeding ecology of sea turtle: in *Biology and conservation of sea turtles.* Revised ed. Bjorndal K. A. (ed.). pp. 103-109.

Ndongo D. (1993). *Contribution à l'étude botanique et écologique des mangroves de l'estuaire du Cameroun.* Thèse de doctorat 3e cycle, Université de Yaoundé I. 220 p.

Ngandjui J. (2001). *Etude de la chasse villageoise en vue de sa gestion durable en collaborartion avec les populations résidentes : cas de l'UTO Campo-Ma'an, sud ouest Cameroun.* Rapport du séminaire FAO/UICN/TRAFFIC « Links between Biodiversity conservation, Livelihoods and food security : The sustainability use of wild meat », Yaoundé, Cameroun 17-20 Septembre 2001. 9 p.

Ngodo M. J. B. (2001). *Étude de la forêt domaniale de Mbalmayo : possibilité de mise en valeur.* Thèse de Doctorat 3e cycle, Université de Yaoundé I. 147 p.

Njifonjou (1998). *Dynamique de l'exploration de la pêche artisanale maritime des régions de Limbé et de Kribi au Cameroun.* Thèse de Doctorat, Université de Bretagne occidentale. 327 p.

Peter L. Lutz, John A. Musick & Jeanette Wyneken (1996). The Biology of sea turtle. *Vol. II.* CRC Press. 425 p.

Projet Campo-Ma'an (2002). *Schéma directeur de l'UTO Campo-Ma'an.* Version préliminaire, Rapport du projet Campo-Ma'an. 138 p.

Reichart H. A. (1993). *Synopsis of biological data on the olive ridley sea turtle Lepidochelys olivacea (Eschscholtz, 1829) in the Western Atlantic.* United State Departement of Commerce: NOAA Technical Memorandum NMFS-SEFSC-336. 77 p.

Replin (1978). *Le Golfe de Guinée central.* Mémoire ORSTOM. 38 p.

République du Cameroun (1974). Régime foncier et domanial du Cameroun 28 p.

Richard O. (2001). *Archéologie et paléoenvironnement dans l'UTO Campo-Ma'an. État des connaissances.* Rapport du projet Campo-Ma'an. 54 p.

Richardson James I. (1999). Priorité en biologie de la reproduction et de la ponte in *Research and management technics of the conservation of sea turtles*; Karen L. Eckert, Bjorndal K. A., Grobois F. Alberto Abreu, Donnelly Marydele (ed.) IUCN/SSC: Marines turtles specialist group. 135-142 p.

Schnell R. (1971). *Phytogéographie des pays tropicaux.* Ed. Gauthier-Villars, Paris. 937 p.

Shabica Stephen V. (1995). Planing for protection of sea turtle habitat *in Biology and conservation of sea turtles*. Revised ed. Bjorndal K. A. (ed.). P. 513-517

Sounguet G. P. & Christy P. (1997). *Protection et conservation des zones de ponte des tortues marines à la pointe de Pongara.* Rapport miméogr. A.S.F.

Sonké B. (1998). *Etudes floristiques et structurales des forêts de la réserve de faune du Dja (Cameroun).* Thèse de Doctorat, Université Libre de Bruxelles. 147 p.

Sonné N. (2001). *Non-timber forest products in the Campo-ma'an project area : A case study of the north-eastern periphery of Campo-ma'an national park, south Cameroon.* A report to the World Bank/GEF Campo-ma'an Biodiversity conservation and management project. 52 p.

Tim (1986). *Les animaux du monde entier : les amphibiens et les reptiles.* Mémoire ORSTOM. 143 p.

Vivien J. & Faure J. J. (1985). *Arbres des forêts denses d'Afrique Centrale.* Agence de coopération culturelle et technique. pp. 50-63.

Watson R. T., Heywood V. H., Baste I., Dias I., Gomez R., Janetos T., Reid W. & Ruark G. (1995). *Global biodiversity assessment, executive summary and update.* World Bank repport. 45 p.

Whitfield (1984). *Le grand livre des animaux,* Edition Paul Le Chevalier, Paris. 599 p.